Digitale Rechenautomaten

Eine Einführung

von

Rainer Klar

mit 75 Abbildungen, 19 Tabellen
und 37 Beispielen

Sammlung Göschen Band 1241/1241a

Walter de Gruyter & Co · Berlin 1970

vormals G. J. Göschen'sche Verlagshandlung · J. Guttentag
Verlagsbuchhandlung · Georg Reimer · Karl J. Trübner · Veit & Comp.

 Archiv-Nr. 79 90 70 9 – Satz: IBM-Composer, Walter de Gruyter & Co. – Druck: Mercedes-Druck, Berlin – Printed in Germany

Inhaltsverzeichnis

Vorwort

Dieses Bändchen verdankt seine Entstehung einer Vorlesung, die ich seit Jahren regelmäßig vor Studenten der Elektrotechnik, der Datenverarbeitung und der Mathematik halte. Ich begrüße es, daß Herr Dipl.-Phys. R. Klar der Anregung gefolgt ist, zunächst eine Vorlesungs-Niederschrift und nunmehr ein kleines Büchlein in der Göschen-Serie zu verfassen.

Die Gesetze der Vorlesung wie auch der Vorlesungs-Niederschrift sind andere als die einer Buchveröffentlichung. Während die Vorlesung wie auch noch die nachfolgende Niederschrift sich auf manches beziehen kann, was am Hochschulort aufgrund von anderen Vorlesungen, denen die Studenten pflichtgemäß beiwohnen, her bekannt ist, muß ein Büchlein, wie das vorliegende, einen Stoff nach Möglichkeit voraussetzungslos bieten. Es war also eine gründliche Überarbeitung notwendig. Der Autor hat manche Abschnitte neu hinzugefügt und dafür manches fortgelassen, was nur aus dem größeren Zusammenhang erkennbar gewesen wäre. Ein Abschnitt z. B. über die Minimisierungs-Verfahren kam auf diese Weise neu hinzu, während ein kleiner Abschnitt über Analogrechner völlig gestrichen wurde.

Ich hoffe, daß die Neubearbeitung des Bändchens, welches in Form der Vorlesungs-Niederschrift schon viele Freunde hatte, nunmehr bei einem breiteren Publikum ähnlichen Anklang findet.

W. Händler

Einleitung

Information läßt sich auf zwei grundsätzlich verschiedene Arten darstellen und verknüpfen, *analog* und *digital*. Im ersten Fall stellt *eine* einzige, stetig veränderliche Größe, eine Länge, ein Winkel, eine Spannung, die betreffende Information dar. Auch die Verknüpfung erfolgt durch stetig wirkende Verknüpfungsvorschriften. Man denke an eine Zeigeruhr mit stetig sich drehenden Zeigern und die stetig wirkende Verknüpfung (Division durch 60) von Minuten- und Stundenzeiger.

Digitale Information dagegen wird durch eine oder mehrere Größen dargestellt, die nur diskrete und damit gewissermaßen an den Fingern (digitus) abzählbare Werte annehmen. Eine Uhr mit Ziffernanzeige beispielsweise zeigt eine Minute lang unverändert einige Ziffern an, die erst zu Beginn der nächsten Minute umklappen.

Dieses Bändchen will Grundkenntnisse über programmgesteuerte digitale Rechenautomaten vermitteln. Unter diesen versteht man Automaten, die die Fähigkeit haben, Informationen entgegenzunehmen, zu speichern, sie nach einer gespeicherten, nicht fest eingebauten Vorschrift, dem „Programm", zu verarbeiten und gewonnene Ergebnisse auszugeben. In digitalen Rechenautomaten werden sämtliche Informationen, auch die Programme, durch Ziffern dargestellt. Man spricht deshalb auch von Ziffernrechenautomaten.

Die Programmsteuerung gestattet es, einen Rechenautomaten weitgehend unabhängig von den Aufgaben, die er lösen soll, zu konzipieren. Der Rechenautomat stellt lediglich Speicher und Verarbeitungswerk zur Verfügung; erst durch Programm und zu verarbeitende Daten wird auf eine spezielle Aufgabe eingegangen. Zu jedem Rechner wird heute eine ganze Reihe von Programmen mitgeliefert, die die Organisation der Arbeit und den Betrieb des Rechners regeln.

Neben der strukturbedingten Universalität ist die technische Realisierung mit sehr schnell arbeitenden elektronischen Bauelementen entscheidend für die Bedeutung der heute gebräuchlichen Rechenautomaten. Erst mit sehr hohen Arbeitsgeschwindigkeiten wurde die Bearbeitung von Problemen möglich, die bis dahin wegen ihres Umfanges nicht zu bewältigen waren.

So ist der Entwurf eines Rechenautomaten gleichzeitig ein elektrotechnisches, ein programmtechnisches und ein Strukturproblem. Hier steht die Struktur von Rechenautomaten im Vordergrund. Auf die elektrotechnischen Elemente von Rechnern und die Programmierung wird nur insoweit eingegangen, als es zum Verständnis der Struktur erforderlich ist.

1. Zahlen, Codes und Information

1.1. Zweiwertigkeit

Als die ersten Rechenautomaten gegen Ende des zweiten Weltkrieges geplant und gebaut wurden, dachte man zunächst nur daran, Zahlenrechnungen durchzuführen. Dabei lag es nahe, das gewohnte Dezimalsystem zu verwenden. Jedoch zeigte sich bald, daß es günstiger ist, mit dem dualen Zahlensystem zu arbeiten. Dafür gibt es im wesentlichen drei Gründe:

1. Es ist technisch wesentlich einfacher, Elemente mit zwei verschiedenen Zuständen zu bauen, als solche, die zehn verschiedene Zustände annehmen können. Man betrachte z. B. ein Relais, das entweder geöffnet oder geschlossen ist, eine Leitung (elektrisch oder hydrodynamisch), in der ein Strom fließt oder nicht. Außerdem kann man einfacher und zuverlässiger erkennen, welche Information übermittelt wurde, wenn es sich nur darum handelt, zwischen zwei und nicht zwischen zehn Werten einer Größe (z. B. einer Spannung) zu unterscheiden.

2. Zur Beschreibung zweiwertig dargestellter Informationen stehen elegante und wirksame logische und mathematische Hilfsmittel zur Verfügung:

Die *formale Logik*, die ebenfalls sämtliche Aussagen in zweiwertiger Form, in ja-nein-Aussagen macht (Satz vom ausgeschlossenen Dritten).

Die *Boolesche Algebra* über einer Menge aus zwei Elementen, die unter anderem Aussagen gestattet über die zur Darstellung einer beliebigen binären Funktion notwendigen und hinreichenden Hilfsmittel, über Minimaleigenschaften von Funktionen und über die Konstruktion minimaler Funktionen (Minimisierung).

3. Rechenautomaten verarbeiten nicht zur Zahlen – die üblicherweise als Dezimalzahlen ein- und ausgegeben werden –, sondern auch nichtnumerische Daten und Daten, die direkt von Meßgeräten abgegeben werden.[1] Diese müssen ohnehin umcodiert werden, so daß das Dezimalsystem für solche Fälle keinen Vorteil bringt.

Zur Begriffsbildung ist noch zu sagen, daß das Adjektiv „dual" die Zweiwertigkeit ausschließlich in bezug auf ein Zahlensystem ausdrückt, während sonst die Zweiwertigkeit mit dem Adjektiv „binär" gekennzeichnet wird. Man spricht also einerseits von einer „Dualzahl", dem „Dualsystem", andererseits von binären Schaltelementen, binären Verschlüsselungen etc.

1.2. Polyadische Zahlensysteme

Ein Polyadisches Zahlensystem mit der Basis B, auch B-adisches Zahlensystem genannt, ist ein Zahlensystem, in dem eine Zahl X nach Potenzen von B zerlegt wird. Da in einer Rechenanlage nur endlich viele Stellen zur Verfügung stehen, sollen hier nur natürliche Zahlen und endliche Brüche betrachtet werden. Eine natürliche Zahl n wird in einem polyadischen Zahlensystem durch folgende Summe dargestellt:

[1] Aus diesem Grunde verwendet man statt des Begriffs des Rechenautomaten oder der Rechenanlage auch häufig den der Datenverarbeitungsanlage.

$$n = \sum_{i=0}^{N} b_i \cdot B^i \qquad (1.1)$$

wobei B Basis des Zahlensystems $B \in \mathbb{N},\ B \geqslant 2$
und b_i Ziffern $(b_i \in \mathbb{N} \cup \{0\},\ 0 \leqslant b_i < B)$

genannt werden.

Für $B = 10$ erhält man das Dezimalsystem,
für $B = 2$ das Dualsystem.

Zur vereinfachten Handhabung ist statt Gl. 1.1 folgende Konvention in der Schreibweise üblich (Ziffernschreibweise):

$$n = (b_N\, b_{N-1}\, b_{N-2} \ldots b_1\, b_0)_B \qquad (1.2)$$

wobei:

1. die führenden Ziffern weggelassen werden, wenn sie gleich Null sind,

2. die Kennzeichnung der Basis B wegfällt, wenn über die Basis kein Zweifel herrscht.

Betrachten wir die Zahl n = zweihunderteins im Dezimal-, Oktal-, Dual- und Hexadezimalsystem:

a) *dezimal*
$n = 1 \cdot 10^0 + 0 \cdot 10^1 + 2 \cdot 10^2 + 0 \cdot 10^3 + \ldots + 0 \cdot 10^N$
und in Ziffernschreibweise:
$n = (201)_{10}$ bzw. $n = 201$

b) *oktal*
$n = 1 \cdot 8^0 + 1 \cdot 8^1 + 3 \cdot 8^2 + 0 \cdot 8^3 + \ldots + 0 \cdot 8^N$
$n = (311)_8$ bzw. $n = 311$

c) *dual*
$n = 1 \cdot 2^0 + 0 \cdot 2^1 + 0 \cdot 2^2 + 1 \cdot 2^3 + 0 \cdot 2^4 + 0 \cdot 2^5 + 1 \cdot 2^6 + 1 \cdot 2^7 + 0 \cdot 2^8 + 0 \cdot 2^9 + \ldots + 0 \cdot 2^N$
$n = (011\ 001\ 001)_2$ bzw. $n = 011\ 001\ 001$

d) *hexadezimal*
$n = 9 \cdot 16^0 + 12 \cdot 16^1 + 0 \cdot 16^2 + \ldots + 0 \cdot 16^N$
$n = (C\,9)_{16}$ bzw. $n = C\,9$

Da es für die Zahlen „zehn", „elf", . . ., „fünfzehn" keine Ziffern gibt, müssen irgendwelche Symbole als Ziffern gewählt werden. Häufig benutzt man dazu die ersten sechs Buchstaben des Alphabets in folgender Zuordnung:

$$A \triangleq 10$$
$$B \triangleq 11$$
$$\vdots$$
$$F \triangleq 15$$

Die Ziffernschreibweise ist erst dann eindeutig, wenn alle Ziffern aus nur einem Symbol bestehen. So könnte die Zahl (129) im Hexadezimalsystem statt als $12 \cdot 16^1 + 0 \cdot 16^0 = (201)_{10}$ auch als $1 \cdot 16^2 + 2 \cdot 16^1 + 9 \cdot 16^0 = (297)_{10}$ aufgefaßt werden.

Basis B = 2	8	10	12	16
0	0	0	0	0
1	1	1	1	1
10	2	2	2	2
11	3	3	3	3
100	4	4	4	4
101	5	5	5	5
110	6	6	6	6
111	7	7	7	7
1000	10	8	8	8
1001	11	9	9	9
1010	12	10	⊔	A
1011	13	11	⊓	B
1100	14	12	10	C
1101	15	13	11	D
1110	16	14	12	E
1111	17	15	13	F
10000	20	16	14	10
10001	21	17	15	11

Tabelle 1.1: Darstellung der Zahlen 0 bis 17 in verschiedenen polyadischen Systemen

Das Dualsystem ist dadurch ausgezeichnet, daß es das polyadische System mit der kleinsten Basis ist. Anfang der fünfziger Jahre fand bei einigen Rechnern auch das Hexadezimalsystem Verwendung.

Dabei wurden die ersten Buchstaben des lateinischen bzw. des griechischen Alphabets als Ziffern zehn bis fünfzehn benutzt. Die Tabelle 1.1 zeigt die Darstellung der Zahlen 0 bis 17 im Dual-, Oktal-, Dezimal-, Duodezimal- und Hexadezimalsystem. Im Zwölfersystem wurden die Ziffern zehn und elf durch die Symbole ↊ und ↋ dargestellt.

Entsprechend werden endliche Brüche x in einem polyadischen Zahlensystem ausgedrückt:

$$x = \sum_{-M}^{N} b_i \cdot B^i \tag{1.3}$$

$$x = (b_N\, b_{N-1}\, b_{N-2} \ldots b_0, b_{-1} \ldots b_{-M})_B \tag{1.4}$$

1.3. Nichtpolyadische Zahlensysteme

Neben den polyadischen Zahlensystemen zu einer Basis B sind auch noch gemischt polyadische Zahlensysteme, z. B. bei der Zeitrechnung und bei der englischen Währung, in Gebrauch. Während auch hier eine Zerlegung der vorgegebenen Zahl in Potenzen vorgenommen wird, ist ein Restklassensystem ein gänzlich anderes Zahlensystem.

Ein Restklassensystem RK_N der Ordnung N wird festgelegt durch N natürliche Zahlen P_i (i = 1, 2, . . ., N), die paarweise prim zueinander sein müssen. Eine natürliche Zahl n wird im RK_N dargestellt durch N Ziffern z_i (i = 1, 2, . . ., N), die definiert sind durch die folgenden Kongruenzen:

$$n \equiv z_i \bmod p_i \quad (i = 1, 2, \ldots, N) \tag{1.5}$$

Mit RK_N ist ein endlicher Zahlenbereich

$$o \leqslant n < \prod_{i=1}^{N} p_i \tag{1.6}$$

gegeben, in dem eine eindeutige Zahlendarstellung möglich ist.

Beispiel 1.1: RK_2 mit $p_1 = 5$, $p_2 = 7$.

Die größte darstellbare Zahl ist $(5 \cdot 7) - 1 = 34$

Die Zahl $(29)_{10}$ hat in diesem RK_2 dic Gestalt:

$(41)_{RK_2}$,

da $29 : 5 = 4 \bmod 5$

$29 : 7 = 1 \bmod 7$ ist.

Rechenoperationen

Es gelten folgende Kongruenzen:

$$\begin{aligned} n + m &\equiv z_i + z_i' \mod p_i \\ & \qquad (i = 1, 2, \ldots, N) \\ n \cdot m &\equiv z_i \cdot z_i' \mod p_i \end{aligned} \tag{1.7}$$

Rechenoperationen im Restklassensystem lassen sich also so durchführen, daß man die Operation in jeder Stelle durchführt, es entstehen keine Überträge. Diese Vereinfachung erleichtert besonders die Multiplikation.

Beispiel 1.2: RK_3 mit $p_1 = 3$, $p_2 = 7$, $p_3 = 11$.

Die Zahlen $n = (12)_{10}$ und $m = (17)_{10}$ seien additiv bzw. multiplikativ zu verknüpfen:

Es ist: $n = (12)_{10} = (051)_{RK_3}$

$m = (17)_{10} = (236)_{RK_3}$

$n + m : 0 + 2 \mod 3 = 2$ d. h. $n + m = (217)_{RK_3}$

$5 + 3 \mod 7 = 1$

$1 + 6 \mod 11 = 7$

Probe: $(12)_{10} + (17)_{10} = (29)_{10} = (217)_{RK_3}$

$n \cdot m : 0 \cdot 2 \mod 3 = 0$ d. h. $n \cdot m = (016)_{RK_3}$

$5 \cdot 3 \mod 7 = 1$

$1 \cdot 6 \mod 11 = 6$

Probe: $(12)_{10} \cdot (17)_{10} = (240)_{10} = (016)_{RK_3}$

Der Vorteil des Restklassensystems gegenüber dem Polyadischen System liegt in der einfacheren Multiplikation. Von Nachteil ist es, daß die Division nicht eindeutig möglich ist und daß bei der Vorzeichenerkennung und der Konvertierung Schwierigkeiten entstehen.

1.4. Binär verschlüsselte Dezimalzahlen

Auch mit binären Elementen lassen sich Dezimalziffern darstellen. Um die 10 verschiedenen Ziffern darstellen zu können, benötigt man 4 binäre Elemente. Da sich mit 4 binären Elementen 16 verschiedene 0/1-Muster darstellen lassen, hat man bei der gegenseitigen Zuordnung (der Codierung) von Dezimalziffern und erlaubten 0/1-Mustern, den *Codewörtern,*[2] die Möglichkeit, eine für bestimmte Zwecke günstige Auswahl zu treffen. In manchen Fällen genügt die in 4 Binärstellen enthaltene Information nicht, so daß man zur Verschlüsselung 5 und mehr Binärstellen verwendet. ($\binom{5}{2}$ -Code, Biquinär-Code, Hamming-Code.) Im folgenden sind einige Gesichtspunkte, die bei der Codierung eine Rolle spielen können, zusammengestellt.

Einfache Konvertierbarkeit. Binär verschlüsselte Dezimalzahlen müssen oft in Dual-Zahlen konvertiert werden. In diesem Fall ist es angenehm, wenn diese Konvertierung leicht möglich ist (vgl. Abschnitt 1.5.3, wo die Konvertierung des dualen Dezimalcodes gezeigt wird).

Einfach zu bildendes Neunerkomplement. Der übliche Weg, in einer Rechenanlage eine Subtraktion durchzuführen, besteht darin, das sogenannte Komplement zu addieren (vgl. Abschnitt 1.7). Will man also in einem Dezimalrechner einfache Subtraktionsvorschriften erzielen, so ist es wichtig, auf einfache Weise ein Komplement, z. B. das Neunerkomplement, bilden zu können. Eine besonders einfache Komplementierungsvorschrift besteht darin, alle Nullen mit Einsen zu vertauschen und umgekehrt. Diese einfache Vorschrift gilt für den Aiken- und für den Stibitz-Code.

Digital-Analog-Wandlung. Will man einer Zahl eine analoge Größe, z. B. eine Spannung, zuordnen, so ist dies besonders einfach, wenn jeder Binärstelle ein Gewicht zugeordnet ist, wenn ein „gewichteter

[2] Die nicht erlaubten 0/1 Muster nennt man auch *Pseudodezimalen.*

Code" vorliegt (Dualer Dezimalcode, Aiken-Code[3], 5-4-2-1-Code, 7-4-2-1-Code, Biquinär-Code). Diese Zuordnung von Gewichten kann eindeutig sein (z. B. dualer Dezimal-Code) oder auch nicht (beim Aiken-Code hat die verbotene 0/1-Kombination 1000 dasselbe Gewicht wie das Codewort 0010, so daß das Gewicht nicht erkennen läßt, ob es sich um eine erlaubte 0/1-Kombination handelt oder nicht).

Analog-Digital-Wandlung. Ordnet man einer analogen Information eine digitale, sich nur sprunghaft ändernde Information zu, so empfiehlt es sich, Vorkehrungen zu treffen, um das Auftreten von Fehlern bei diesen Sprüngen zu vermeiden. Als nützlich erweist es sich hierbei, die digitale Information in einem sogenannten „einschrittigen Code" zu verschlüsseln, in dem sich benachbarte Codewörter jeweils nur in einer Binärstelle unterscheiden.

Fehlererkennung. Weiter ist es interessant, das Auftreten nicht erlaubter 0/1-Kombinationen leicht erkennbar zu machen. Dies ist z. B. beim „Zwei-aus-fünf-Code" und beim „Biquinär-Code" durch die Existenz von genau zwei Einsen pro Codewort gewährleistet.

Fehlerkorrektur. Wenn man die Fehler nicht nur erkennen, sondern auch korrigieren will, muß man genügend Korrekturinformation mitübertragen. Ein Beispiel für einen Code, in dem 1 Fehler erkannt und korrigiert werden kann, ist der Hamming-Code.[4]

Einige binär verschlüsselte Dezimalcodes sind in Tabelle 1.2 zusammengestellt. Dazu ist noch zu bemerken, daß sich der Stibitz-Code dadurch ergibt, daß man zur vorgegebenen Dezimalzahl 3 addiert und sie dann nach dem normalen 8-4-2-1-Code verschlüsselt.

[3] Der von *H. H. Aiken* erfundene und nach ihm benannte Aiken-Code wurde bei den an der Harvard University gebauten Dezimalrechnern *Mark* I, II, III angewandt.

[4] Dieser Code ist nach *R. W. Hamming* benannt. Er eignet sich zur Erkennung und Korrektur eines Fehlers. Die drei Kontrollstellen werden so besetzt, daß drei Paritätsbedingungen p_i erfüllt sind ($p_1 = p_2 = 0$). Tritt ein Fehler auf, so ergibt sich bei erneuter Paritätsprüfung eine Paritätsaussage $\neq 000$, die auf die fehlerhafte Stelle hinweist. Die Korrektur erfolgt durch Invertierung dieser Stelle.

1.5. Konvertierung von Zahlendarstellungen

1.5.1. Konvertierung durch sukzessive Division mit Rest

Eine in einem polyadischen Zahlensystem mit der Basis B dargestellte *natürlichen Zahl n*

$$n = \sum_{i=0}^{N} b_i \cdot B^i$$

läßt sich mit Hilfe des Hornerschemas wie folgt darstellen:

$$n = (\ldots(((b_N \cdot B + b_{N-1}) \cdot B + b_{N-2}) \cdot B + b_{N-3}) \cdot \\ \cdot B + \ldots + b_1) \cdot B + b_0 \cdot 1 \qquad (1.9)$$

Aus Gl. 1.9 ist ersichtlich, daß man die Ziffern $b_0, b_1, \ldots, b_N$ dadurch erhält, daß man die Zahl n durch B dividiert, nach der Division den Rest abtrennt und notiert. Der Quotient wird dann wieder durch B dividiert usw., bis der Quotient verschwindet. Die nebeneinander geschriebenen Reste b_i stellen dann gerade die Zifferndarstellung der Zahl n im polyadischen System mit der Basis B dar.

Das Schema der Konvertierung hat folgende Gestalt:

$$\begin{array}{ll} n & : B = q_0 + r_0 \\ q_0 & : B = q_1 + r_1 \\ q_1 & : B = q_2 + r_2 \\ \vdots & \;\vdots \quad \vdots \quad \vdots \\ q_{N-1} & : B = 0 \;\; + r_N \end{array}$$

wobei:
Rest r_i = i-te Ziffer b_i
($i = 1, 2, \ldots, N$)

Beispiel 1.3: Konvertierung der Zahl $(19)_{10}$ ins Dualsystem.

19 : 2 = 9	Rest 1	d. h.	$b_0 = 1$
9 : 2 = 4	Rest 1		$b_1 = 1$
4 : 2 = 2	Rest 0		$b_2 = 0$
2 : 2 = 1	Rest 0		$b_3 = 0$
1 : 2 = 0	Rest 1		$b_4 = 1$

d. h. $(19)_{10} = (10011)_2$ Probe: 16 + 2 + 1 = 19

	Dualer Dezimal-Code	Magnetband-Code	Aiken-Code	Stibitz-Code (Dreiexzeß)	5-4-2-1-Code	7-4-2-1-Code	Einheitsabstands-Code	$\binom{5}{2}$-Code (Zwei-aus-fünf-Code)	Biquinär-Code	Hamming-Code Informations- Kontroll-Stellen
Gewichte / Ziffern	8421	(8421)	2421	—	5421	7421	—	(74210)	50 43210	8421 ---
0	0000	1010	0000	0011	0000	0000	0000	11000	01 00001	0000 000
1	0001	0001	0001	0100	0001	0001	0001	00011	01 00010	0001 011
2	0010	0010	0010	0101	0010	0010	0011	00101	01 00100	0010 101
3	0011	0011	0011	0110	0011	0011	0111	00110	01 01000	0011 110
4	0100	0100	0100	0111	0100	0100	0110	01001	01 10000	0100 110
5	0101	0101	1011	1000	1000	0101	1110	01010	10 00001	0101 101
6	0110	0110	1100	1001	1001	0110	1111	01100	10 00010	0110 011
7	0111	0111	1101	1010	1010	1000	1011	10001	10 00100	0111 000
8	1000	1000	1110	1011	1011	1001	1001	10010	10 01000	1000 111
9	1001	1001	1111	1100	1100	1010	1000	10100	10 10000	1001 100
Gewichtung	eindeutig	eindeutig Null hat Gewicht 10	nur bzgl. der Codewörter eindeutig	keine	eindeutig	eindeutig	keine	nur bzgl. der Codewörter eindeutig Null hat Gewicht 11		nur Informationsstellen gewichtet. eindeutig
Anmerkungen	einfache Konvertierungsmöglichkeit	bei Prüfung: 0000 darf nicht auftreten	9-er Komplement einfach zu bilden				Bei Analog-Eingabe	Jedes Codewort hat genau zwei Einsen 1 Fehler wird erkannt	In beiden Teilen des Wortes wird 1 Fehler erkannt	1 Fehler kann erkannt und korrigiert werden

Tabelle 1.2: Binärverschlüsselte Dezimalzahlen

Beispiel 1.4: Konvertierung der Zahl $(1110001)_2$ ins Dezimalsystem.

1110001 : 1010 = 1011		Rest 11 = $(3)_{10}$
1011 : 1010 = 1		Rest 1 = $(1)_{10}$
1 : 1010 = 0		Rest 1 = $(1)_{10}$
d. h. $(1110001)_2 = (113)_{10}$		Probe: 64 + 32 + 16 + 1 = 113

Eine echt gebrochene Zahl y

$$y = \sum_{-m}^{-1} b_i \cdot B^i \tag{1.10}$$

kann ganz entsprechend mit dem Hornerschema dargestellt werden:

$$y = \frac{1}{B}\left(b_{-1} + \frac{1}{B}\left(b_{-2} + \frac{1}{B}\left(b_{-3} + \ldots + \frac{1}{B}\left(b_{-M+1} + \frac{1}{B} \cdot b_{-M}\right) \ldots\right)\right.\right. \tag{1.11}$$

Sinngemäß erfolgt hier die Konvertierung durch sukzessive Division durch $\frac{1}{B}$ bzw. Multiplikation mit B.

Beispiel 1.5: Konvertierung der Zahl $(0{,}19)_{10}$ ins Dualsystem.

0,19 · 2 = 0,38	Überlauf 0
0,38 · 2 = 0,76	Überlauf 0
0,76 · 2 = 1,52	Überlauf 1
0,52 · 2 = 1,04	Überlauf 1
0,04 · 2 = 0,08	Überlauf 0
0,08 · 2 = 0,16	Überlauf 0
⋮ ⋮	⋮ ⋮

d. h. $(0{,}19)_{10} \approx (0{,}001100)_2$ Probe: $\frac{1}{8} + \frac{1}{16} = 0{,}1875 \approx 0{,}19$

Eine gebrochene Zahl

$$x = \sum_{-M}^{N} b_i \cdot B^i = \sum_{0}^{N} b_i \cdot B^i + \sum_{-M}^{-1} b_i \cdot B^i \tag{1.12}$$

läßt sich auf zwei Arten konvertieren, entweder durch getrennte Konvertierung des ganzen und des gebrochenen Anteils (vgl. rechte

Seite von Gl. 1.12) oder durch eine Normierung, die x in eine ganze Zahl oder in eine echt gebrochene Zahl überführt und anschließende Konvertierung durch sukzessive Division mit Rest.

1.5.2. Konvertierung durch sukzessive Multiplikation und Addition

Die sukzessive Division mit Rest durch die Basis B des polyadischen Systems, *in* das konvertiert werden soll, liefert nacheinander die gesuchten Ziffern b_0 bis b_N und damit eine Konvertierung in das polyadische System mit der Basis B. Man kann aber auch die in Gl. 1.1 gegebene Darstellung einer Zahl n direkt nachbilden, indem man die höchste Ziffer b_N multipliziert mit der Basis B* des polyadischen Systems, *aus* dem konvertiert werden soll, dann b_{N-1} addiert, das Ergebnis wieder mit B* multipliziert usw. Dieses Vorgehen entspricht einem Aufbau des Hornerschemas (Gl. 1.9) von links her. Damit auf diese Weise auch eine Konvertierung in ein System mit der Basis $B \neq B^*$ zustande kommt, müssen die Ziffern b_i und die Basis B* bei der sukzessiven Multiplikation und Addition bereits durch das neue polyadische System mit der Basis B dargestellt sein.

Die Konvertierung wird nach folgendem Schema durchgeführt:

$$
\begin{array}{lll}
b_N \cdot B^* & = x_1 & \\
x_1 + b_{N-1} & = x_2 & \\
x_2 \cdot B^* & = x_3 & \\
x_3 + b_{N-2} & = x_4 & \\
. \quad \cdot\,. & . & \\
. \quad +\,. & . & \\
. \quad \cdot\,. & . & \\
x_{2N-1} + b_0 & = n & \text{im System mit der Basis B, falls } B^* \text{ und die} \\
 & & b_i \text{ im System mit der Basis B ausgedrückt} \\
 & & \text{wurden.}
\end{array}
$$

Beispiel 1.6: Konvertierung der Zahl $(2314)_{10}$ *ins Dualsystem.*

Die Basis $B^* = (10)_{10}$ hat im Dualsystem die Darstellung $(1010)_2$, die Dezimalziffern 2, 3, 1 und 4 haben die Darstellung $(10)_2$, $(11)_2$,

$(1)_2$ und $(100)_2$. In dem folgenden Schema wird zunächst die höchste Ziffer mit B* multipliziert, in allen folgenden Zeilen wird jeweils das Ergebnis der vorhergehenden Zeile weiter verwendet.

$$\begin{array}{rrr} 10 & \cdot\ 1010 = & 1\,0100 \\ & +\ \ 11 = & 1\,0111 \\ & \cdot\ 1010 = & 1110\,0110 \\ & +\ \ \ 1 = & 1110\,0111 \\ & \cdot\ 1010 = & 1001\,0000\,0110 \\ & +\ 100 = & 1001\,0000\,1010 \end{array}$$

Probe: $2^{11} + 2^8 + 2^3 + 2^1 = 2048 + 256 + 8 + 2 = 2314$

Beispiel 1.7: Konvertierung der Zahl $(1110001)_2$ ins Dezimalsystem.

$$\begin{array}{rr} 1 \cdot 2 = & 2 \\ +1 = & 3 \\ \cdot 2 = & 6 \\ +1 = & 7 \\ \cdot 2 = & 14 \\ +0 = & 14 \\ \cdot 2 = & 28 \\ +0 = & 28 \\ \cdot 2 = & 56 \\ +0 = & 56 \\ \cdot 2 = & 112 \\ +1 = & 113 \end{array}$$

In einer im Dualsystem arbeitenden elektronischen Rechenanlage lassen sich Multiplikationen mit 2 bzw. Divisionen durch 2 besonders leicht – durch einfache Stellenverschiebung – realisieren, so daß für die Konvertierung dezimal → dual das Verfahren der Division mit Rest, für die Konvertierung dual → dezimal das Verfahren der Multiplikation und Addition besonders günstig ist (vgl. Beispiele 1.3, 1.5, 1.7).

1.5.3. Konvertierung binär verschlüsselter Dezimalzahlen

Auch ein im Dualsystem arbeitender Rechner muß mit Dezimalzahlen umgehen können, da der besseren Verständlichkeit wegen beim

Verkehr mit der Außenwelt als Zahlensystem nur das übliche und gewohnte Dezimalsystem in Frage kommt. Die Dezimalzahlen werden in den Rechner binär verschlüsselt eingegeben. Entsprechend erfolgt die Ausgabe (vgl. Abschnitt 1.4). Die Wahl des Codes hängt im allgemeinen von den Ein- und Ausgabegeräten sowie von den *magnetomotorischen* Speichern ab. Während man in den frühen Phasen der Rechnerentwicklung noch daran dachte, die Verschlüsselung und Entschlüsselung durch spezielle Codierapparate vorzunehmen, zeigte es sich bald, daß eine Rechenanlage diese Arbeit selbst übernehmen kann. Es genügt, ein Programm zu schreiben, das die in den Abschnitten 1.5.1 und 1.5.2 angegebenen Konvertierungsverfahren durchführt.

Aus diesem Grunde soll die Konvertierung exemplarisch am „dualen Dezimalcode" behandelt werden. Es sei die Dezimalzahl

$$(\alpha \ \beta \ \gamma \ldots \omega)_{10}$$

gegeben. Im dualen Dezimalcode wird dann jeder der Dezimalziffern α bis ω eine Tetrade von Dualziffern $(\alpha_1 \ \alpha_2 \ \alpha_3 \ \alpha_4)$ bis $(\omega_1 \ \omega_2 \ \omega_3 \ \omega_4)$ zugeordnet, so daß jede Tetrade eine Dualzahl darstellt, die denselben Zahlenwert wie die zugehörige Dezimalziffer hat.

a) Konvertierung einer Zahl im dualen Dezimalcode in eine Dualzahl:

Die eben zusammengestellten Eigenschaften des dualen Dezimalcodes stellen gerade die für die Konvertierung durch sukzessive Multiplikation und Addition nötigen Voraussetzungen dar. Die Konvertierung in eine Dualzahl kann nach diesem Verfahren erfolgen. Das Beispiel 1.6 gibt eine solche Konvertierung wieder.

b) Konvertierung einer Dualzahl in eine dual verschlüsselte Dezimalzahl

Für diese Konvertierungsrichtung eignet sich das Verfahren der Division mit Rest besonders; vgl. dazu Beispiel 1.4! Zur weiteren Verdeutlichung ist im folgenden Beispiel 1.8 das Verfahren der Division mit Rest auf einen echten Dualbruch angewandt. Die gesuchten Tetraden ergeben sich hier analog zum Beispiel 1.5 als Überläufe.

Beispiel 1.8: Konvertierung von $(0{,}1011)_2$ in eine dual verschlüsselte Dezimalzahl.

$0{,}1011 \cdot 1010 = 110{,}1110$	Überlauf 110
$0{,}1110 \cdot 1010 = 1000{,}1100$	Überlauf 1000
$0{,}1100 \cdot 1010 = 111{,}1000$	Überlauf 111
$0{,}1000 \cdot 1010 = 101{,}0000$	Überlauf 101

d. h. $(0{,}1011)_2 = (0, (0110)_2\ (1000)_2\ (0111)_2\ (0101)_2)_{10}$

Probe: $\frac{1}{2} + \frac{1}{8} + \frac{1}{16} = 0{,}6875$

1.6. Vorzeichen, Komplemente

1.6.1. Die Komplement-Darstellung negativer Zahlen

Negative Zahlen z werden üblicherweise durch Betrag $|z|$ und vorangestelltes Minuszeichen: $-|z|$ dargestellt. Diese Darstellung ist auch in einem Rechenautomaten möglich. Sie hat jedoch den Nachteil, daß man eine gesonderte Vorzeichenrechnung durchführen muß und daß man ein Rechenwerk benötigt, das sowohl addieren als auch subtrahieren kann. Dieser letzte Nachteil läßt sich umgehen, indem man das in Abschnitt 1.6.2 behandelte Verfahren zu Hilfe nimmt (Näheres findet sich bei: *W. Händler* [1.2], S. 1035 f.).

Um mit einem reinen Addierwerk auskommen zu können, versucht man, die Subtraktion auf eine Addition zurückzuführen.[5] Dies geschieht durch das Verfahren der Komplementbildung. Gl. 1.13 zeigt, wie die Subtraktion auf eine Addition zurückgeführt werden kann:

$$a - b = a + (C - b) - C \tag{1.13}$$

wobei $\overline{b} := C - b$ (Komplement von b zu C)

[5] In manchen Rechenautomaten ist ein Subtrahierwerk realisiert. Die Addition wird dann auf die Subtraktion zurückgeführt. Multiplikation bzw. Division lassen sich auf fortgesetzte Addition bzw. Subtraktion zurückführen, so daß es genügt, hier nur die Addition bzw. Subtraktion zu betrachten.

Die in Gl. 1.13 angegebene Umformung bringt nur dann Erleichterungen, wenn sich sowohl die *Komplementbildung* als auch die *Subtraktion von C (Reduktion mod C)* leicht (natürlich ohne Zuhilfenahme der Subtraktion) durchführen lassen.

Gesichtspunkte bei der Wahl von C:

Komplementbildung. Bei allen nun folgenden Betrachtungen wird davon ausgegangen, daß zur Darstellung einer Zahl gerade N Binärstellen zur Verfügung stehen. Sollen nur positive Zahlen dargestellt werden, so ist $2^N - 1$ die größte in diesem Zahlenbereich darstellbare Zahl. Sie enthält in allen N Binärstellen eine Eins. Wählt man

$$C = 111\ldots11 = 2^N - 1, \tag{1.14}$$

so läßt sich die Subtraktion $C - b$ einfach dadurch realisieren, daß man in der N-stelligen Zahl b *stellenweise* alle Nullen mit Einsen vertauscht und umgekehrt. Diese einfache Subtraktions- bzw. Komplementierungsregel der stellenweisen Invertierung hat ihren Grund darin, daß die Zahl C in jeder Binärstelle eine Eins enthält und somit bei der Subtraktion $C - b$ nie von der nächsthöheren Stelle „geborgt" werden muß.

Subtraktion von C, d. h. Reduktion mod C. Die Subtraktion von C ist am bequemsten, wenn man sie gar nicht ausführen muß. Dies ist aber mit

$$C = 2^N = 1\underbrace{000\ldots00}_{N\ \text{Nullen}} \tag{1.15}$$

gerade der Fall, da die Eins in der (N + 1)-ten Stelle nicht mehr in dem betrachteten Zahlenbereich liegt. Es ist ja

$$[a + (2^N - b)]_{\text{mod } 2^N} = [a + (2^N - b) - 2^N]_{\text{mod } 2^N} \tag{1.16}$$

Diese Betrachtungen gelten sinngemäß für jedes polyadische Zahlensystem zu einer beliebigen Basis B (vgl. Neunerkomplement im Dezimalsystem Abschnitt 1.4). Die besonders günstigen Fälle sind:

$C = B^N - 1$ auch kurz *(B - 1)-Komplementdarstellung* genannt

$C = B^N$ auch kurz *B-Komplementdarstellung* genannt.

Um in dem durch N Binärstellen vorgegebenen Zahlenbereich Addition und Subtraktion gleichartig durchführen zu können, wird die Hälfte der 2^N N-Tupel zu negativen Zahlen oder *Komplementen* erklärt. Mit den 2^N N-Tupeln als Ringelementen können *Zahlenringe* gebildet werden. Der Name „Zahlenring" ist gerechtfertigt, weil im algebraischen Sinn ein Ring vorliegt und weil sich die Elemente anschaulich auf einem Ring darstellen lassen (vgl. Abb. 1.1, 1.2).

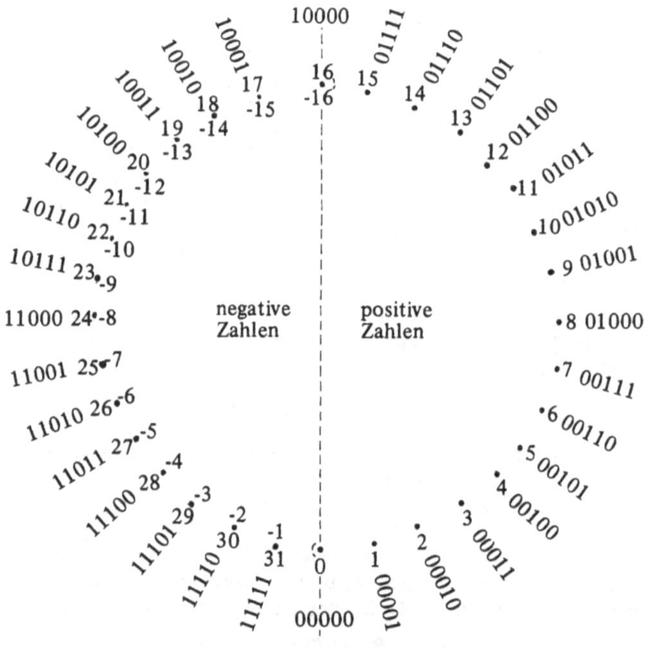

Abb. 1.1: Zahlenring im B-Komplement

1.6.2. Das B-Komplement

Komplemente zu 2^N (allgemein B^N) sind Grundlage einer Zahlenringdarstellung, in der alle Ringelemente, die in der ersten Stelle eine Null enthalten, als positive Zahlen aufgefaßt werden. Die negativen Zahlen werden der komplementären Teilmenge, den Ringelementen mit einer Eins in der ersten Stelle zugeordnet (vgl. Abb. 1.1).

In dieser Darstellung wird die Zahl Null $(00\ldots0)_2$ als positive Zahl aufgefaßt. Dadurch wird die Darstellung *unsymmetrisch*. Der Betrag der größten darstellbaren negativen Zahl beträgt 2^{N-1}, der der größten positiven $2^{N-1}-1$.

In der anschaulichen Ringdarstellung Abb. 1.1 ist zu erkennen, daß man

a) die Summe (Differenz) $(a \overset{+}{(-)} b)$ dadurch erhält, daß man von a ausgehend b Schritte nach links (rechts) geht.

b) die Differenz (a – b) auch durch (C – b) Schritte nach links bilden kann (Addition des Komplementes).

Identifiziert man die Bewegung nach links (rechts) mit der Addition (Subtraktion), so läßt sich demnach aus Abb. 1.1 auch ablesen, wie sich die Subtraktion durch eine Addition ausführen läßt.

Regel zur Bildung des B-Komplementes einer Zahl b:

Man invertiert zunächst alle Stellen von b (Ergänzung zu 2^N-1) und addiert anschließend eine Eins, um die Ergänzung zu 2^N zu erhalten.

***Beispiel 1.9:** Subtraktion im B-Komplement bei $N=5$, $B=2$.*

Für den Fall 14–7 ergibt sich bei N = 5 nach Gl. 1.16:

$$1\,00111 = 00111$$

Man erhält also das richtige Ergebnis $(00111)_B = (7)_{10}$.

Im Fall 9–13 tritt kein Überlauf in die 6. Stelle auf, das Ergebnis ist negativ: $(11100)_B = (-4)_{10}$ (vgl. Abb. 1.1).

	$(14)_{10} - (7)_{10}$		$(9)_{10} - (13)_{10}$	
Komplement-bildung	7:	00111	13:	01101
	$(-7)_{B-1}$:	11000	$(-13)_{B-1}$:	10010
		+ 1		+ 1
	$(-7)_B$:	11001	$(-13)_B$:	10011
Addition	14:	01110	9:	01001
	$+ (-7)_B$:	+ 11001	$+ (-13)_B$:	+ 10011
		1 00111		11100

Anmerkung: Alle bisherigen Aussagen gelten nur in dem jeweils vorgegebenen Zahlenring, d. h. alle Zahlen, auch das Ergebnis[6], müssen in dem erlaubten Bereich liegen. (Vgl. auch Beispiel 1.10.)

Beispiel 1.10: *Überschreitung des erlaubten Bereichs* $-2^{N-1} \leqslant x \leqslant -1$ *bzw.* $o \leqslant x \leqslant 2^{N-1} - 1$ *im B-Komplement bei* $N = 5$, $B = 2$.

14:	01110	$(-9)_B$:	10111
+ 7:	00111	$+ (-13)_B$:	10011
$-(11)_B$:	10101	+ 10:	1 01010

Beim Versuch, 14 und 7 zu addieren, d. h. auf dem Zahlenring von 14 aus um 7 nach links zu rücken, gelangt man zu − 11 statt zu 21. Entsprechend führt (− 9) + (− 13) zu + 10.

1.6.3. Das (B − 1)-Komplement

Auch in dem Zahlenring, der auf den Komplementen zu $B^N - 1$ beruht, werden alle Ringelemente, die in der ersten Stelle eine Null enthalten, als positive Zahlen, diejenigen mit einer Eins in der ersten

[6] Um nicht schon vor der Ausführung der Addition Aussagen über das Ergebnis machen zu müssen, kann man zusätzlich noch eine „Schutzstelle" einführen. Näheres siehe Abschnitt 1.6.4.

Stelle als negative Zahlen aufgefaßt. Diese Darstellung ist jedoch *symmetrisch*, da sowohl eine

„positive Null" : $(000\ldots0)_2$ als auch eine
„negative Null" : $(111\ldots1)_2$ definiert werden.

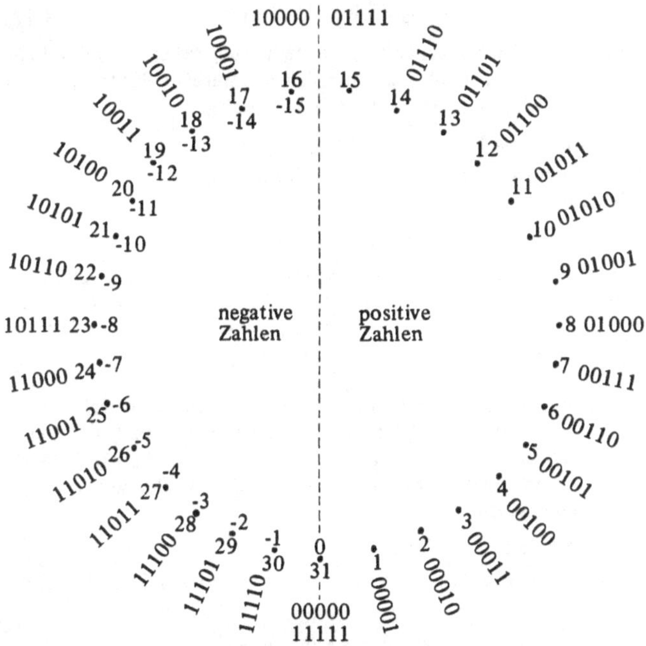

Abb. 1.2: Zahlenring im (B – 1)-Komplement

Entsprechend zu dem in Abschnitt 1.6.2 Gesagten läßt sich auch hier die Additon bzw. Subtraktion als Bewegung nach links bzw. rechts auffassen. Die Komplementbildung ist hier sehr einfach: alle

Stellen müssen invertiert werden. Dagegen regelt sich hier die Subtraktion von C, d. h. Reduktion mod C (vgl. Gl. 1.13 und Abschnitt 1.6.1), nicht von selbst.

Es sei die Differenz $d = a - b$ ($a, b \in N$; $a > 0$, $b > 0$) zu bilden. Betrachten wir zunächst die Addition des Komplementes:

$$a + \overline{b} = a + (C - b) \tag{1.17}$$

Sie ist wegen der einfachen Komplementierungsregel leicht durchzuführen. Für die nach Gl. 1.13 noch durchzuführende Subtraktion der Konstante C ist eine Fallunterscheidung nötig:

1. $a > b \Rightarrow d \geqslant 1$.

Das Ergebnis wird dargestellt als Dualzahl d.
Nach Gl. 1.13 ergibt sich:

$$d = a + (C - b) - C \tag{1.18}$$

Von dem Ergebnis (Gl. 1.17) der Addition ist also noch C zu subtrahieren. Die folgende Ungleichung 1.19 zeigt, daß dieses Ergebnis größer oder gleich 2^N ist, also die vorgegebenen N Stellen überschritten werden.

$$a + (C - b) \geqslant C + 1 = 2^N \tag{1.19}$$

Die theoretisch in der (N + 1)-ten Stelle auftretende Eins geht jedoch verloren, da eine (N + 1)-te Stelle gar nicht existiert. Der Verlust dieser Eins entspricht der Subtraktion von 2^N. Da hier jedoch $C = 2^N - 1$ ist, muß die zuviel subtrahierte Eins wieder addiert werden. (Vgl. Beispiel 1.11.)

2. $a \leqslant b$. Hier ist $d \leqslant 0$.

Das Ergebnis wird dargestellt als $C - |d|$. Nach Gl. 1.13 ergibt sich also:

$$\begin{aligned} C - |d| &= a + (C - b) \qquad \text{da} \\ d = -|d| &= a + (C - b) - C \end{aligned} \tag{1.20}$$

Hier ist also keine Korrektur des Ergebnisses (Gl. 1.17) nötig. Da in diesem Falle

$$a + (C - b) \leqslant C = 2^N - 1 \tag{1.21}$$

gilt, wird keine Eins in der (N + 1)-ten Stelle entstehen. (Beispiel 1.12.)

Damit kann das Auftreten der Eins in der (N + 1)-ten Stelle als Kriterium gewählt werden und man erhält folgende

Regel für die Reduktion mod C: Entsteht bei der Addition eine Eins in der (fiktiven!) (N + 1)-ten Stelle, so muß zu dem Ergebnis noch eine Eins addiert werden, um ein richtiges Ergebnis zu erhalten. Man nennt diesen Vorgang *„Einer-Rücklauf"*.

Diese Regel legt es nahe, die erste Stelle mit der (N + 1)-ten zu identifizieren und die ggf. entstehende Eins wie einen Übertrag auf die erste Stelle zu addieren.

Beispiel 1.11: $(14)_{10} - (7)_{10}$ *im (B - 1)-Komplement.*

bei N = 5, B = 2

Komplementbildung:	7:	00111
	$(-7)_{B-1}$:	11000
Addition:	14:	01110
	$+(-7)_{B-1}$:	11000
		1 00110
Addition des Überlaufs:	7:	00111

Beispiel 1.12: $(9)_{10} - (13)_{10}$ *im (B - 1)-Komplement.*

bei N = 5, B = 2

9:	01001
$(-13)_{B-1}$:	10010
$(-4)_{B-1}$:	11011

Hier tritt kein Überlauf in die (N + 1)-te Stelle auf, also entfällt auch die Kompensation der beim Überlauf zuviel subtrahierten Eins.

Trotz ihrer zwei Darstellungsarten hat die Null bei den Rechenoperationen eine eindeutige Funktion. Da sich Subtraktion, Multiplikation und Division auf Additionen reduzieren lassen, genügt es, die Richtigkeit der Behauptung für die Addition zu zeigen.

Beweis: Gegeben sei eine N-stellige Dualzahl

$$a = (a_{N-1}\, a_{N-2} \ldots a_0).$$

Bei der Addition $s = a + (000 \ldots 0)$ wird a trivialerweise Stelle für Stelle reproduziert: d. h. $s_\nu = a_\nu$, $\nu = 0, 1, \ldots, N-1$. Betrachten wir nun die Addition der „negativen Null":

$$s = (s_{N-1}\, s_{N-2} \ldots s_0) = a + (1111 \ldots 1).$$

Fallunterscheidung:

1. $a_0 = 1$.

Dann ist zunächst $s_0 = 0$. Da die „negative Null" aus lauter Einsen besteht, muß der in der niedrigsten Stelle entstehende Übertrag ($1 + 1 = 0$ mit Übertrag) durch alle Stellen laufen. In einer beliebigen Stelle ν ergibt sich dann:

$$s_\nu = 1 + 1 + a_\nu = a_\nu \text{ mit Übertrag}$$

d. h.

$$s_\nu = a_\nu \text{ für } \nu \neq 0$$

Wegen des durchlaufenden Übertrages muß aber noch eine Eins addiert werden, so daß schließlich auch $s_0 = a_0 = 1$ wird.

2. $a_0 = \ldots = a_{r-1} = 0,\ a_r = 1$.

Bei der Addition ergibt sich zunächst $s_0 = \ldots = s_{r-1} = 1$. Wie im vorigen Fall zunächst $s_0 = 0$ wurde, wird hier zunächst $s_r = 0$. Wegen des von der $(r+2)$-ten Stelle an durchlaufenden Übertrages wird

$$s_\nu = a_\nu \text{ für } r + 1 \leqslant \nu \leqslant N - 1$$

Durch den Einer-Rücklauf wird gerade die Eins addiert, die nötig ist, um s_0 bis s_{r-1} zu 0 und s_r zu 1 zu machen.

Zusammenfassend kann gesagt werden:

1. Beide Komplementdarstellungen erlauben eine sehr homogene Rechenwerkstruktur, da keine gesonderte Vorzeichenbehandlung nötig ist. Beim (B – 1)-Komplement sind zudem durch die Verbindung der ersten und der letzten Stelle alle Stellen logisch gleichwertig. Diese Homogenität des Rechenwerks ist besonders dann nützlich, wenn auch viele nichtarithmetische Operationen durchzuführen sind.

2. Entsprechend der Konstruktion (vgl. Abschnitt 1.6.1) ist beim B-Komplement die Reduktion mod 2^N, beim (B – 1)-Komplement die Komplementbildung besonders einfach.

3. Beim B-Komplement ist die Darstellung der Null eindeutig. Dies ist zum Beispiel bei der Bildung bedingter Sprungbefehle von Vorteil. Das (B - 1)-Komplement ist in diesem Fall weniger günstig.

1.6.4. Schutzstelle, Registrierung von Überläufen

In den Beispielen 1.9 und 1.11 wurde gezeigt, daß das Überschreiten von 2^N mit anschließender Reduktion mod 2^N oder mod $2^N - 1$ durchaus zu den üblichen Operationen gehört und zu richtigen Ergebnissen führen kann. Beispiel 1.10 zeigt dagegen, daß man beim Auftreten echter Überläufe falsche Ergebnisse bekommt.

Um sich gegen unbeabsichtigtes Überschreiten des erlaubten Bereiches zu schützen, kann man eine zusätzliche (N + 1)te Stelle als Schutzstelle einfügen, die dieselbe Information enthalten muß wie die Vorzeichenstelle, solange man sich im erlaubten Bereich aufhält.

Demnach haben

alle gültigen positiven Zahlen mit 00,
alle gültigen negativen Zahlen mit 11

zu beginnen, während 01 und 10 auf eine Bereichsüberschreitung hinweisen. Der Zahlenring teilt sich dann in eine gültige und eine verbotene Hälfte (vgl. Abb. 1.3 und Beispiel 1.13).

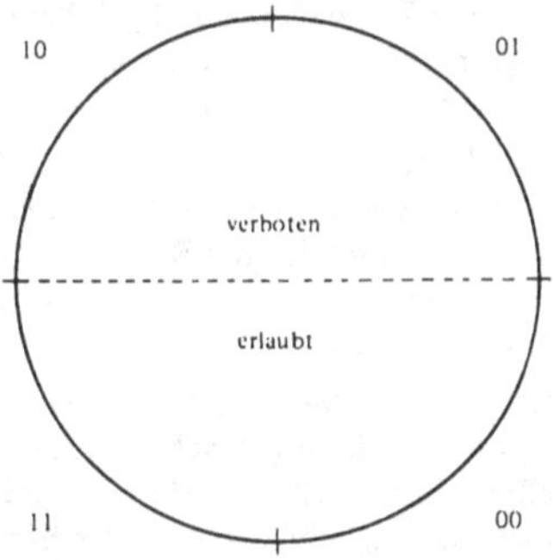

Abb. 1.3: Zahlenring mit Schutzstelle

Beispiel 1.13: ***Durchführung des Beispiels 1.10 in einem Zahlenring mit Schutzstelle.***

(N = 5 + 1)

14 :	001110	$(-9)_B$:	110111
+ 7 :	000111	$(-13)_B$:	110011
	010101	(1)	101010

Die 01 bzw. 10 in den beiden obersten Stellen zeigen an, daß ein Überlauf stattgefunden hat.

Geht man davon aus, daß alle Operationen nur mit Zahlen aus dem gültigen Bereich durchgeführt werden, so kann der verbotene Bereich nur erreicht werden, wenn entweder zwei positive oder zwei negative Zahlen addiert werden (vgl. Beispiel 1.13). Mit Hilfe der Schutz- und Vorzeichenstelle kann zunächst festgestellt werden, *ob* der verbotene Bereich erreicht wurde. Ist dies der Fall, wird die Schutzstelle als Vorzeichenstelle betrachtet. Auf diese Weise erhält man auch bei Überschreitung des erlaubten Bereiches ein wohldefiniertes Ergebnis.

1.7. Zahlendarstellung im Rechner

1.7.1. Die Festkomma-Darstellung

Rechnungen, die in einem Zahlenring durchgeführt werden, ohne daß weitere Vereinbarungen getroffen werden, nennt man *„Festkomma-Rechnungen"* (vgl. Beispiele 1.9 bis 1.13).

In *„Festkomma-Darstellung"* werden die Zahlen als N-stellige Dualzahlen bzw. Komplemente dargestellt. Dem Komma ist dabei eine feste Stelle zugewiesen. Bei den meisten Rechenautomaten steht das Komma vor der ersten Stelle, so daß alle Zahlen x so transformiert werden müssen, daß sie in dem Intervall $-1 < x < 1$ liegen.

Art und Grenzen der Festkomma-Darstellung sollen durch folgende beispielhafte Betrachtung deutlich gemacht werden:
Bei einer festen Stellenzahl von 12 Binärstellen – man nennt dann die 12 Stellen ein *Wort* und spricht von einer *Wortlänge* von 12 Bit – seien Zahlen darzustellen, die bis zu 8 Stellen vor dem Komma

und bis zu 4 Stellen nach dem Komma haben. Man muß alle Zahlen zunächst durch 2^8 dividieren (um 8 Stellen nach rechts schieben), um die Transformation in den Bereich $-1 < x < 1$ durchzuführen.

Die Zahlen 1101,1011 → ,0000 1101 1011
und 0,0111 → ,0000 0000 0111, die in dem vorgesehenen Bereich liegen, können dann ohne Schwierigkeit dargestellt werden. Anders ist es, wenn unvorhergesehen Zahlen entstehen, die nicht in dem vorgesehenen Bereich liegen.

Die Zahl 0,0001001110 zum Beispiel würde dargestellt als
,0000 0000 0001
Dabei wird der meiste Platz für irrelevante Stellen, nämlich für die führenden Nullen, verschenkt, während fünf relevante Stellen, nämlich die Stellen 00111 verloren gehen.

1.7.2. Die Gleitkomma-Darstellung

Diesen Nachteil hat die *„halblogarithmische Zahlendarstellung"* oder *„Gleitkomma-Darstellung"* nicht. Hierbei wird jede Zahl x dargestellt als:

$$x = m \cdot B^e, \tag{1.22}$$

wobei m die *„Mantisse"* und e der *„Exponent"* genannt wird. Eine vorgegebene Zahl x wird so umgeformt, daß gilt:

$$0 \leqslant m < 1. \tag{1.23}$$

Im Rechner selbst sind die zur Verfügung stehenden N Stellen fest eingeteilt in die ersten M, die die Mantisse darstellen und in die letzten E, welche den Exponenten darstellen. (M + E = N)

Beispiel 1.14: Fest- und Gleitkommadarstellung.

Es sind einige Dezimalzahlen mit üblicher Stellung des Komma, in einer Darstellung gemäß Gl. 1.22 und in Gleitkommadarstellung nebeneinandergestellt.

+ 3704000	$= +0{,}3704 \cdot 10^7$	= + 3704 + 07
− 370,4	$= -0{,}3704 \cdot 10^3$	= − 3704 + 03
+ 0,003704	$= +0{,}3704 \cdot 10^{-2}$	= + 3704 − 02
− 0,03704	$= -0{,}3704 \cdot 10^{-1}$	= − 3704 − 01

Anmerkungen:

1. In ALGOL wurde als Trennzeichen zwischen Mantisse und Exponent eine tiefstehende 10 als *ein* neues Zeichen eingeführt. Hierbei wäre die Zahl - 370,4 zum Beispiel darstellbar als $-3704_{10}-1$, $-3.704_{10}\,2$, $-0.3704_{10}\,3$ oder $0.000\,3704_{10}\,6$. Eine Normierung der Mantisse ist in Algol nicht vorgeschrieben.

2. Gelegentlich wird statt des Exponenten die sogenannte „*Charakteristik*" verwendet. Stehen E Stellen zur Darstellung des Exponenten zur Verfügung, so erhält man die Charakteristik, indem man zum Exponenten $\frac{1}{2}\,B^E$ addiert.

Z. B. würde bei $B = 10$, $E = 2$ der Exponent von -50 bis $+49$, die Charakteristik aber von 0 bis 99 laufen können. Dem Exponenten $+7$ entspräche die Charakteristik 57, dem Exponenten -7 die Charakteristik 43.

3. Die in Abschnitt 1.7.1 dargestellten Schwierigkeiten bei der Behandlung irrelevanter Stellen können auch in der Gleitkomma-Rechnung auftreten. Will man zum Beispiel zwei Gleitkommazahlen addieren, so muß zunächst dafür gesorgt werden, daß beide Zahlen denselben Exponenten haben. Unterscheiden sich aber die beiden Zahlen stark in ihrer Größenordnung, können auch hier relevante Stellen verloren gehen.

1.7.3. Wortformate

Bisher wurde stets angenommen, daß eine gewisse Stellenzahl N gegeben sei. Es ist nun noch zu sagen, welche Gesichtspunkte bei der Wahl von N eine Rolle spielen. Sollen nur Dualzahlen dargestellt werden, ist jede Stellenzahl geeignet. Sollen häufig vierstellig binär verschlüsselte Dezimalzahlen dargestellt werden, ist es günstig, wenn N durch 4 teilbar ist. Entsprechend ist es bei häufiger Verwendung einer dual-oktal-Konvertierung bzw. 5-, 6- oder 8-stelligen Fernschreibcodes wünschenswert, N durch 3 bzw. 5, 6 oder 8 teilen zu können. Übliche Wortlängen sind 12, 16, 18, 24, 32, 48, 60 und 64 Bit.

1.8. Register und Information

Ein Rechner arbeitet stets mit einer festen Zahl N von Binärstellen, einer festen Wortlänge. Einen Speicher, der aus N binären Speicherelementen besteht, also gerade ein Wort speichern kann, nennt man ein ***Register*** (vgl. Abschnitt 3.2). Jede in einem Rechner darzustellende Information muß deshalb in einem oder mehreren Registern untergebracht werden. Mit der Informationsdarstellung in Registern befaßt sich dieser Abschnitt.

1.8.1. Begriffe aus der Informationstheorie

Gegeben sei eine Menge X von Ereignissen x_i $(i = 1, 2, 3, \ldots m)$. Jedes Ereignis trete mit der Wahrscheinlichkeit $p(x_i)$ auf, wobei $\sum_{i=1}^{m} p(x_i) = 1$. Jedem dieser Ereignisse kann man dann ein Informationsmaß $I(x_i)$ zuordnen:

Definition:

$$I(x_i) := -\log p(x_i) \cdot \text{Maßeinheit} \tag{1.24}$$

$I(x_i)$ wird „Maß des Informationsgehaltes von x_i" oder kurz „*Informationsgehalt von x_i*" genannt.

Die Maßeinheit des Informationsgehaltes hängt ab von der Basis b der Logarithmusfunktion. Es ist üblich $b = 2$, also den „logarithmus dualis" (Abk.: ld) zu verwenden. Die Maßeinheit ist dann *1 bit* (von engl. binary digit). Wählt man $b = 10$, ist die Maßeinheit 1 dit:

$$1 \text{ dit} = 3{,}32192 \text{ bit} \tag{1.25}$$

Die Gleichung 1.24 hat dann speziell die Gestalt:

$$I(x_i) := -\operatorname{ld} p(x_i) \text{ bit} \tag{1.26}$$

Definition:

$$H(X) := \sum_{i=1}^{m} p(x_i) \cdot I(x_i) \tag{1.27}$$

H(X) wird der „*mittlere Informationsgehalt*" oder die „*Entropie*" der Menge X genannt. Der Begriff der Entropie ist aus der statistischen Mechanik entlehnt, da formale Übereinstimmungen bestehen.

Die Entropie H(X) kann als Maß für den Grad der Unbestimmtheit, mit der die Ereignisse x_i eintreten, betrachtet werden. Über H(X) können folgende Aussagen gemacht werden:

1. H(X) ist nichtnegativ.
2. H(X) verschwindet genau dann, wenn ein Ereignis x_k mit Sicherheit eintritt $(p(x_k) = 1)$.
3. $H(X) \leqslant \text{ld}\ m$ bit
4. $H(X) = \text{ld}\ m$ bit gilt genau dann, wenn alle Ereignisse x_i $(i = 1, 2, 3, \ldots, m)$ gleichwahrscheinlich sind $(p(x_i) = \frac{1}{m})$.

Der Beweis benutzt die Eigenschaft der Logarithmusfunktion, für Argumente aus (0, 1) negative Werte anzunehmen. Er findet sich zum Beispiel bei FANO [1.3].

Die Aussage 4. benutzt man zur Definition einer Bezugsgröße H_{pot}.

Definition:

$$H_{pot}(X) := \text{ld}\ m\ \text{bit} \tag{1.28}$$

$H_{pot}(X)$ wird der „*potentielle mittlere Informationsgehalt*" eines Ereignisses aus X genannt.

Mit Hilfe von H(X) und $H_{pot}(X)$ lassen sich weitere Begriffe definieren, die bei Aussagen über Ausnutzungsfragen nützlich sind.

Definition:

$$\Delta H(X) := H_{pot}(X) - H(X) \tag{1.29}$$

$\Delta H(X)$ nennt man die „*Redundanz*". Sie ist ein Maß für die Weitschweifigkeit einer Informationsdarstellung.

Definition:

$$\eta(X) := \frac{H(X)}{H_{pot}(X)} \tag{1.30}$$

nennt man den „*Wirkungsgrad*" einer Informationsdarstellung.

Beispiel 1.15: *Das lateinische Alphabet als Zeichenvorrat bzw. Ereignismenge.*

Das lateinische Alphabet A enthält 26 Buchstaben, also ist

$$H_{pot}(A) = \text{ld } 26 \text{ bit} = 4{,}700 \text{ bit}$$

In einem deutschen Text treten die einzelnen Buchstaben mit solchen Häufigkeiten auf [1.4], daß sich

$$H(A) = 4{,}097 \text{ bit}$$

und damit eine Redundanz $\Delta H(A) = 0{,}603$ bit pro Buchstabe
und ein Wirkungsgrad $\eta = 0{,}872$ ergeben.

In der englischen Sprache [1.5] ist:

$$H(A) = 4{,}13 \text{ bit} \quad \text{und damit}$$
$$\Delta H(A) = 0{,}57 \text{ bit}$$
$$\eta(A) = 0{,}878.$$

1.8.2. Informationsdarstellung in Rechenautomaten

Die in Abschnitt 1.8.1 definierten Begriffe x_i und X sollen hier bedeuten:

x_i ein Zeichen $\quad i = 1, 2, 3, \ldots, m$
X ein Zeichenvorrat.

Es ist nun zu fragen:

1. Wie wird ein vorgegebener Zeichenvorrat X in einem Rechenautomaten dargestellt?

2. Ändern sich dabei die in Abschnitt 1.8.1 definierten Informationsgehalte H_{pot} und H und damit auch die daraus abgeleiteten Größen ΔH, η?

1. *Darstellung eines Zeichenvorrats:*

Es sei eine Wortlänge von N Bit vorgegeben.
Mit N Binärstellen lassen sich 2^N verschiedene 0/1-Muster oder Zustände herstellen, die man sich als Ecken des N-dimensionalen Würfels veranschaulichen kann (Abb. 1.4).

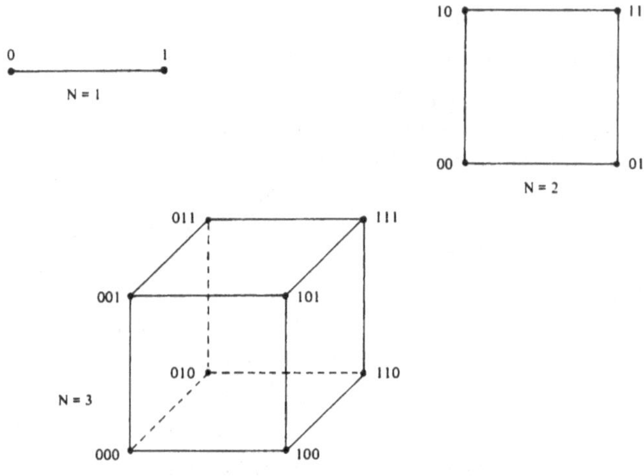

Abb. 1.4: Zustände als Ecken des N-dimensionalen Würfels

Sollen m Zeichen eindeutig binär dargestellt werden, so benötigt man dafür mindestens M Binärstellen, wobei sich M aus Gl. 1.31 ergibt:

$$1 + \mathrm{ld}\, m > M \geqslant \mathrm{ld}\, m \qquad (1.31)$$

mit $m, M \in \mathbb{N} \wedge m > 1$

Man sieht, daß die möglichen Zustände nur dann voll ausgeschöpft werden, wenn gerade gilt

$$m = 2^M \qquad (1.32)$$

In allen anderen Fällen bleiben bei der Zuordnung von Zeichen und Zuständen nach Gl. 1.31 einige Zustände unberücksichtigt, was einer nur teilweisen Ausnutzung der gegebenen Darstellungsmöglichkeiten gleichkommt.

Definition:

Das Verhältnis η^* der zur Darstellung des Zeichenvorrats X nötigen Binärstellenzahl ld m zur vorgegebenen Stellenzahl N

$$\eta^*(X) := \frac{\mathrm{ld}\, m}{N} \tag{1.33}$$

sei *Nutzungsgrad* genannt.

Beispiel 1.16: *Binäre Darstellung von Dezimalzahlen.*

Gegeben sind die 10 Zeichen 0, 1, 2, . . ., 9, d. h. es ist $m = 10$. Zur binären Darstellung benötigt man nach Gl. 1.31 $M = 4$ Bit, da $\mathrm{ld}\, 10 = 3.322$ ist. (Vgl. Abschnitt 1.4.) Sechs der 16 Zustände bleiben ungenutzt. Der Nutzungsgrad ist bei $N = M = 4$

$$\eta^* = \frac{3.322}{4} = 0{,}83.$$

Eine mangelhafte Ausnutzung der 2^N Zustände kann mit den Begriffen von Abschnitt 1.8.1 nicht wiedergegeben werden, da diese sich zwar auf den Zeichenvorrat der m Zeichen x_i $(i = 1, 2, \ldots, m)$ beziehen, nicht aber auf deren Darstellungsart.

Man kann jedoch den Begriff des Zeichenvorrats derart erweitern, daß man zu den m vorgegebenen Zeichen noch $2^N - m$ *„fiktive Zeichen"* f_j $(j = 1, 2, \ldots, 2^N - m)$ hinzufügt. Unter diesen f_j kann man sich diejenigen Zeichen vorstellen, die man den restlichen $2^N - m$ Zuständen zuordnen *könnte*, die aber nicht auftreten und für die deshalb gilt:

$$p(f_j) = 0 \quad (j = 1, 2, \ldots, 2^N - m) \tag{1.34}$$

Die Menge der fiktiven Zeichen f_j $(j = 1, 2, \ldots, 2^N - m)$ sei F genannt.

Mit dieser Hilfskonstruktion kommt man zu einem neuen Zeichenvorrat Y

$$Y := X \cup F \tag{1.35}$$

Damit ist die mangelhafte Ausnutzung auf das Auftreten fiktiver Zeichen zurückgeführt.

2. *Die Eigenschaften von $H(Y)$ und $H_{pot}(Y)$.*

Gemäß Gl. 1.26/1.27 ergibt sich:

$$H(Y) = -\sum_{i=1}^{m} p(x_i) \cdot \mathrm{ld}\, p(x_i) \text{ bit} - \sum_{j=1}^{2^N-m} p(f_j) \cdot \mathrm{ld}\, p(f_j) \text{ bit} \tag{1.36}$$

Es ist aber:

$$\lim_{x \to 0} x \cdot \log x = 0$$

Damit verschwindet die zweite Summe in Gl. 1.36 und man erhält:

$$H(Y) = H(X) \tag{1.37}$$

Der potentielle mittlere Informationsgehalt eines Zeichens aus Y beträgt nach Gleichung 1.28:

$$H_{pot}(Y) = \mathrm{ld}\, m \text{ bit}$$

hier: $m = 2^N$

$$\Rightarrow \qquad H_{pot}(Y) = N \text{ bit} \tag{1.38}$$

Der Wirkungsgrad $\eta(Y)$ schließlich ergibt sich als

$$\eta(Y) = \frac{H(Y)}{H_{pot}(Y)}$$

Daraus folgt mit Gln. 1.36/1.38:

$$\eta(Y) = \frac{H(X)}{N} \tag{1.39}$$

Gemäß (1.30) ist aber $H(X) = \eta(X) \cdot H_{pot}(X)$. Daraus folgt mit Gl. 1.33/1.28:

$$\eta(Y) = \eta(X) \cdot \eta^*(X) \tag{1.40}$$

Gl. 1.40 besagt aber, daß der Wirkungsgrad $\eta(Y)$ bei gleichwahrscheinlichen Zeichen x_i ($\eta(X) = 1$) mit dem Nutzungsgrad $\eta^*(X)$

übereinstimmt, bei $m = 2^N$ ($\eta^* = 1$) mit dem Wirkungsgrad $\eta(X)$. Falls nicht alle Zeichen x_i mit gleicher Wahrscheinlichkeit auftreten, überlagert sich der daraus resultierende Wirkungsgrad $\eta(X) < 1$ multiplikativ mit $\eta^*(X)$.
Ganz analog erhält man für die Redundanz $\Delta H(Y)$:

$$\Delta H(Y) = \Delta H(X) + (N - \text{ld } m) \text{ bit} \tag{1.41}$$

Die gesamte Redundanz $\Delta H(Y)$ setzt sich also additiv zusammen aus der Redundanz $\Delta H(X)$, die von ungleichen Wahrscheinlichkeiten $p(x_i)$ herrührt und der Redundanz $(N - \text{ld } m)$ bit, die von nicht vollständiger Ausnutzung der vorhandenen 2^N Zustände herrührt.

Man kann also sagen, daß die Einführung einer Menge F von fiktiven Zeichen und die Bildung von $Y = X \cup F$ zu einer sinnvollen Erweiterung der Begriffe der Redundanz und des Wirkungsgrades führt.

Beispiel 1.17: *Der Wirkungsgrad des Dezimal- und des Dualsystems bei der Zahlendarstellung.*

In einem binären Rechner sei ein Zeichenvorrat X darzustellen, der aus den m nichtnegativen ganzen Zahlen besteht, die kleiner als m sind. Alle Zahlen aus X seien gleichwahrscheinlich.

Es ist zu bestimmen, welchen Wirkungsgrad die duale, welchen die dezimale Darstellung hat, wenn zur Darstellung der m Zahlen gerade soviele Stellen M benutzt werden, wie unbedingt nötig sind!
Unter diesen Voraussetzungen ist $\eta(X) = 1$ und gemäß Gln. 1.40 und 1.33 ergibt sich:

$$\eta(Y) = \eta^*(X) = \frac{\text{ld } m}{M}$$

Die Stellenzahl M hängt vom gewählten Zahlensystem ab:

1. *Dualsystem:* Im Dualsystem ergibt sich M gemäß Gl. 1.31 und man erhält damit für $\eta(Y)$ folgende Schranken:

$$\frac{\text{ld } m}{\text{ld } 2m} < \eta(Y) \leqslant 1 \tag{1.42}$$

2. ***Dezimalsystem:*** Bei binär verschlüsselten Dezimalzahlen muß M durch 4 teilbar sein und es muß gelten:

$$m, M \in \mathbb{N} \quad \wedge m > 1 \quad \text{und}$$
$$4\,(1 + \log_{10} m) > M \geqslant 4 \log_{10} m \tag{1.43}$$

Damit ergibt sich der Wirkungsgrad $\eta(Y)$ in folgenden Grenzen:

$$\frac{\text{ld } m}{4\,(1 + \log_{10} m)} < \eta(Y) \leqslant \frac{\text{ld } m}{4 \log_{10} m} \tag{1.44}$$

$$\frac{\text{ld } m}{4 \log_{10} m} = 0{,}83$$

Obere Schranke ist also der in Beispiel 1.16 ermittelte Nutzungsgrad $\eta^* = 0{,}83$.

Abb. 1.5 zeigt $\eta(Y)$ in Abhängigkeit von m. Man sieht, daß der Wirkungsgrad für kleine Zahlen m am geringsten ist. Sein Minimum erreicht er im Dualsystem bei m = 5 mit $\eta_{min} = 0{,}77$ und im Dezimalsystem bei m = 2 mit $\eta_{min} = 0{,}25$.

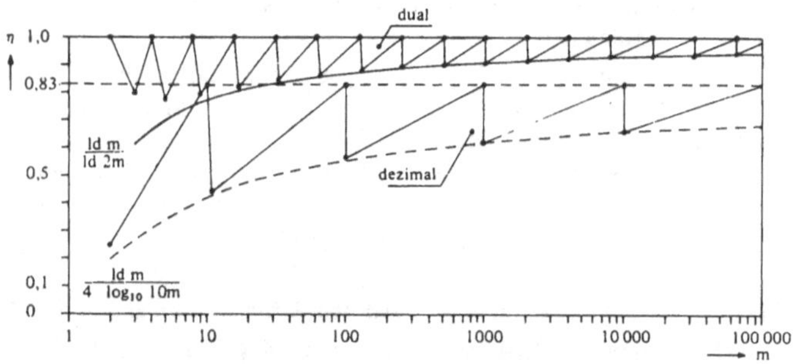

Abb. 1.5: Der Wirkungsgrad des Dual- und Dezimalsystems (nach W. Buchholz)

2. Schaltalgebra und Minimisierung

Zur Darstellung und Verknüpfung von Informationen in elektronischen Rechenanlagen sind komplizierte elektronische Speicher-, Transport- und Verknüpfungseinrichtungen erforderlich. Beim Entwurf solcher Schaltungen setzt man deshalb Hilfsmittel ein, die es gestatten, auch größere Schaltungen systematisch zu entwerfen und zu analysieren.

Ein solches Hilfsmittel ist die ***Schaltalgebra.*** Sie geht auf Claude E. *Shannon* [2.2] zurück, der 1938 nachwies, daß die prinzipiellen Eigenschaften von Serien- und Parallelschaltungen von Schaltern bzw. Relais mit einer speziellen Booleschen Algebra, die nur zwei verschiedene Aussagen kennt (ja – nein bzw. Schalter offen – geschlossen) besonders gut beschrieben werden können.

Shannon stützte sich dabei auf eine algebraische Struktur, die George *Boole* (1851–1864) in seinem berühmten Buch „An Investignation of the Laws of Thought" [2.1] als mathematisches Hilfsmittel zur systematischen und abstrakten Behandlung der Logik entwickelt hat. Die große Wirkung der inzwischen nach *Boole* benannten ***Booleschen Algebra*** beruht auf ihren vielfältigen Anwendungsmöglichkeiten. Sie eignet sich zur Behandlung mengenalgebraischer Probleme, zur algebraischen Darstellung der Aussagenlogik und auch zur algebraischen Beschreibung von Schaltkreisen (Schaltalgebra).

Um zu zeigen, welchen Platz die Schaltalgebra in der Booleschen Algebra einnimmt, wird zunächst die Definition einer Booleschen Algebra gegeben (Abschnitt 2.1). Anschließend wird die Schaltalgebra als spezielle Boolesche Algebra dargestellt (Abschnitt 2.2). Der Abschnitt 2.3 behandelt Definition und Darstellung von Schaltfunktionen. In Abschnitt 2.4 schließlich sind die gebräuchlichsten Verfahren zur Vereinfachung (Minimisierung) von Schaltfunktionen zusammengestellt.

2.1. Definition einer Booleschen Algebra

Zur Definition einer Booleschen Algebra kann man entweder von der Verbandstheorie oder von einem Axiomensystem ausgehen. Im ersten Fall stellt sich eine Boolesche Algebra als komplementärer distributiver Verband dar [2.3]. Hier soll der zweite Weg gewählt werden, wobei aus der Reihe verschiedener, aber gleichwertiger Axiomensysteme das von Huntington (1904) angegebene zugrundegelegt wird [2.4].

Definition:

Eine Menge B von Elementen, über der zwei zweistellige Operationen ($\dagger$) und ($*$) erklärt sind, ist genau dann eine Boolesche Algebra, wenn für beliebige Elemente a, b, c aus B folgende Axiome gelten:[7]

I	$a \dagger b = b \dagger a$ $a * b = b * a$	Die Operationen ($\dagger$) und ($*$) sind *kommutativ*
II	$0 \dagger a = a$ $1 * a = a$	Für jede der Operationen ($\dagger$) bzw. ($*$) existiert in B ein *Einselement* „0" bzw. „1"
III	$(a \dagger b) * c = (a * c) \dagger (b * c)$ $(a * b) \dagger c = (a \dagger c) * (b \dagger c)$	Jede der Operationen ist *distributiv* bezüglich der anderen.
IV	$a \dagger \bar{a} = 1$ $a * \bar{a} = 0$	Zu jedem Element $a \in B$ existiert ein *komplementäres* Element $\bar{a} \in B$ mit $a \dagger \bar{a} = 1$ und $a * \bar{a} = 0$. $\bar{a}$ heißt auch „*Komplement von a.*"

[7] Um hervorzuheben, daß die Wahl der Operationssymbole völlig frei ist, wurden hier die Symbole $\dagger$ und $*$ gewählt. In den später folgenden Beispielen und Anwendungen werden dann die jeweils üblichen Operationssymbole eingesetzt.

Aus diesen vier Axiomen lassen sich eine Reihe von Aussagen ableiten:

Satz 1 *(Dualitätsprinzip):* Zu jeder Aussage, die sich aus diesen vier Axiomen ableiten läßt, existiert eine duale Aussage, die dadurch entsteht, daß man die Operationen $(+)$ und $(*)$ und gleichzeitig die Einselemente 0 und 1 vertauscht.

Beweis: Da die vier Axiome symmetrisch bezüglich der zwei Operationen und der beiden Einselemente sind, muß auch jede abgeleitete Aussage diese Symmetrie aufweisen, d. h. zu jeder dieser Aussagen muß eine duale Aussage existieren.

Satz 2: Für jedes Element a einer Booleschen Algebra B gilt:

$$a + 1 = 1$$
$$a * 0 = 0$$

Beweis der Aussage $a + 1 = 1$:

Es ist	$1 = \bar{a} + a$	nach Axiom IV,I
	$= (1 * \bar{a}) + a$	nach II
	$= (1 + a) * (\bar{a} + a)$	nach III
	$= (1 + a) * 1$	nach I,IV
	$= (a + 1)$	nach II,I, was zu beweisen war.

Nach dem Dualitätsprinzip ist mit dem Beweis von $a + 1 = 1$ auch $a * 0 = 0$ bewiesen.

Die Beweise der folgenden Sätze werden ganz entsprechend geführt.

Satz 3: $\forall$ a $(a \in B)$ gilt: $a + a = a$
$a * a = a$

Satz 4: $\forall$ a, b $(a \in B, b \in B)$ gilt: $a + (a * b) = a$
$a * (a + b) = a$

Satz 5 *(Assoziativgesetz):* $\forall$ a, b, c $(a \in B, b \in B, c \in B)$ gilt:

$$a + (b + c) = (a + b) + c$$
$$a * (b * c) = (a * b) * c$$

Satz 6 *Eindeutigkeit des Komplements):*

$\forall$ a $(a \in B)$ existiert genau ein Komplement $\bar{a}$ $(a \in B)$. Insbesondere gilt $\overline{(\bar{a})} = a$.

Satz 7: Die beiden Einselemente sind komplementär zueinander.

$$\overline{1} = 0 \qquad \overline{0} = 1$$

Satz 8 *(De Morgan'sches Theorem):*

$$\forall\ a, b\ (a \in B, b \in B)\ \text{gilt:}$$

$$\overline{(a + b)} = \overline{a} * \overline{b}$$

$$\overline{(a * b)} = \overline{a} + \overline{b}$$

Das De Morgan'sche Theorem ist wiederum eine Dualitätsaussage. Neben den Operationen + und * ist zusätzlich noch die Invertierung bzw. Komplementbildung $\bar{\ }$ einbezogen. Das De Morgan'sche Theorem läßt sich noch wie folgt verallgemeinern:

$$\overline{f(x_1, x_2, x_3, \ldots, x_n; +, *)} = f(\overline{x}_1, \overline{x}_2, \overline{x}_3, \ldots, \overline{x}_n; *, +),$$

wobei f eine Boolesche Funktion und x_i $(i = 1, 2, \ldots, n)$ Boolesche Variable sind.

Beispiel 2.1: Eine Mengenalgebra als spezielle Boolesche Algebra.

Als Beispiel einer Booleschen Algebra über einer Menge von mehr als zwei Elementen wird eine Mengenalgebra über der Menge M betrachtet:

$$M := \quad \phi, A, B, C, 1$$

wobei ϕ die Nullmenge, A, B und C drei Teilmengen einer Grundmenge 1 sind.

Wählt man als Operation + die Vereinigung $\cup$ und als Operation * den Durchschnitt $\cap$, so hat man über M eine Boolesche Algebra erklärt. Die vier Axiome sind erfüllt. Am Beispiel der Distributivität sei dies exemplarisch gezeigt:

Aus Axiom III: $(a + b) * c = (a * c) + (b * c)$
wird hier: $(A \cup B) \cap C = (A \cap C) \cup (B \cap C)$

Diese Beziehung sagt aus, daß es gleichgültig ist, ob man zuerst die Vereinigung $A \cup B$ (in Abb. 2.1 stark umrandet) und danach den Durchschnitt mit C bildet oder ob man zuerst die Durchschnitte $A \cap C$ und $B \cap C$ bildet und danach die Vereinigung.

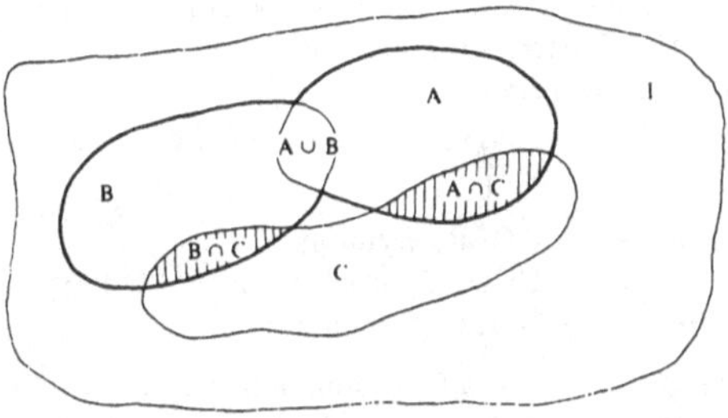

Abb. 2.1: Mengendiagramm

Ganz allgemein kann gesagt werden, daß alle Eigenschaften einer Booleschen Algebra auch in einer Mengenalgebra gefunden werden. Es gilt der Satz:

Jede Boolesche Algebra ist einer Mengenalgebra isomorph, das heißt: Zu jeder Booleschen Algebra über einer Menge von n Elementen existiert eine Mengenalgebra mit derselben Zahl von Elementen, in der für die Operationen $\cup$ und $\cap$ dieselben Gesetze gelten wie für die Operationen + und * der Booleschen Algebra und umgekehrt kann auch jede Mengenalgebra als Boolesche Algebra dargestellt werden.

2.2. Die Schaltalgebra als spezielle Boolesche Algebra

Während eine Boolesche Algebra über Mengen mit einer beliebigen Anzahl von Elementen definiert ist, ist die Schaltalgebra (ebenso wie die Aussagenlogik) über der Menge B, die nur die beiden Einselemente 0 und 1 enthält, definiert.

Als Operation + fungiert die Operation ODER, auch Disjunktion genannt. Übliche Operationssymbole sind + und $\vee$. Als Operation * fungiert die Operation UND, auch Konjunktion genannt. Übliche Operationssymbole sind $\cdot$ und $\wedge$.[8] Als dritte Operation tritt die in Axiom IV definierte Komplementbildung $\bar{}$ hinzu, die in der Schaltalgebra meist *Negation* genannt wird.

Die Schaltalgebra ist also eine spezielle Boolesche Algebra über

$$B := \{0, 1\}$$

Operation $+$:= ODER, Symbol: $\vee$

Operation $*$:= UND, Symbol: $\wedge$ bzw. kein Symbol

Operation $\bar{}$:= Negation, Symbol: $\bar{}$

Elektrische Schaltungen, die aus bistabilen Schaltelementen aufgebaut sind, lassen sich sehr elegant mit dieser Schaltalgebra beschreiben. Jedem der beiden stabilen Zustände der Schaltelemente wird eines der beiden Einselemente zugeordnet. Man sagt: „Das Schaltelement s befindet sich im Zustand 0 (bzw. 1), kurz: $s = 0$ (bzw. $s = 1$)."

Dabei spielt die technische Realisierung der Schaltelemente keine Rolle. Es kann sich um bistabile magnetische Kerne, bistabile Dioden-, Transistoren- oder Röhrenschaltkreise oder auch um einfache Schalter oder Relais handeln.

Beispiel 2.2: Parallel- und Serienschaltung von Schaltern.

Bei einer Parallelschaltung s_p und einer Serienschaltung s_s zweier einfacher Schalter s_1 und s_2 gelte folgende Zuordnung:

1: Schalter geschlossen

0: Schalter geöffnet

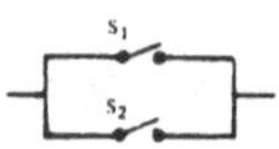

Abb. 2.2: Parallelschaltung s_p und Serienschaltung s_s

[8] Häufig wird eine Schreibweise verwendet, bei der die Operationssymbole der Konjunktion weggelassen werden, was Schreibarbeit spart und die Übersichtlichkeit erhöht. Man schreibt zum Beispiel:

$$ab \vee cde \vee ae$$

statt $(a \wedge b) \vee (c \wedge d \wedge e) \vee (a \wedge e)$

Die Parallelschaltung s_p wirkt wie ein geschlossener Schalter ($s_p = 1$), wenn wenigstens einer der Schalter s_1 oder s_2 geschlossen ist. Es gilt also:

$$s_p = s_1 \vee s_2$$

Die Serienschaltung s_s hingegen wirkt nur dann wie ein geschlossener Schalter ($s_s = 1$), wenn sowohl s_1 als auch s_2 geschlossen sind. Es gilt also:

$$s_s = s_1 \wedge s_2 \quad \text{kurz:} \quad s_1 s_2$$ [9]

Analog werden auch kompliziertere Schaltkreise beschrieben. So entspricht der folgenden Schaltung der Ausdruck:

$$s((t(u \vee vw)) \vee xy)$$

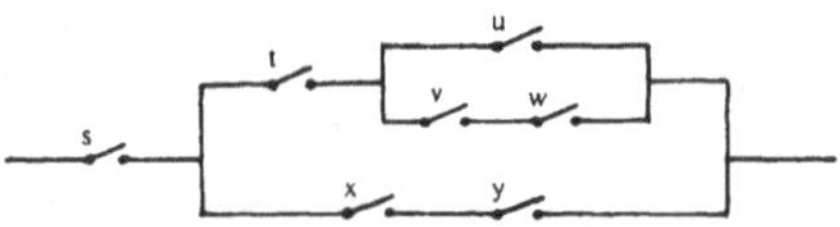

Abb. 2.3: Darstellung von $s((t(u \vee vw)) \vee xy)$ mit Schaltern

Da es sich bei der Schaltalgebra um eine spezielle Boolesche Algebra handelt, kann man auch hier von den Axiomen I–IV ausgehen und die daraus abgeleiteten Sätze anwenden. Man sieht leicht ein, daß das Axiomensystem für Schaltungen von bistabilen Schaltelementen sinnvoll ist:

[9] Diese Zuordnung ist willkürlich. Man kann ebenso dem geöffneten Schalter die 1 zuordnen. Nach dem Dualitätsprinzip müssen dann auch die Operationen vertauscht werden. In diesem Fall wäre die Parallelschaltung durch $s_1 s_2$ und die Serienschaltung durch $s_1 \vee s_2$ zu beschreiben. Man sieht leicht ein, daß die Parallelschaltung nur dann einem geöffneten Schalter ($s_p = 1$) entspricht, wenn s_1 *und* s_2 geöffnet sind, während es bei der Serienschaltung genügt, s_1 *oder* s_2 zu öffnen.

I $a \vee b = b \vee a$

$ab = ba$

II $0 \vee a = a$

$1a = a$

III $(a \vee b)c = ac \vee bc$

$(ab) \vee c = (a \vee c)(b \vee c)$

IV $a \vee \bar{a} = 1$

$a\bar{a} = 0$

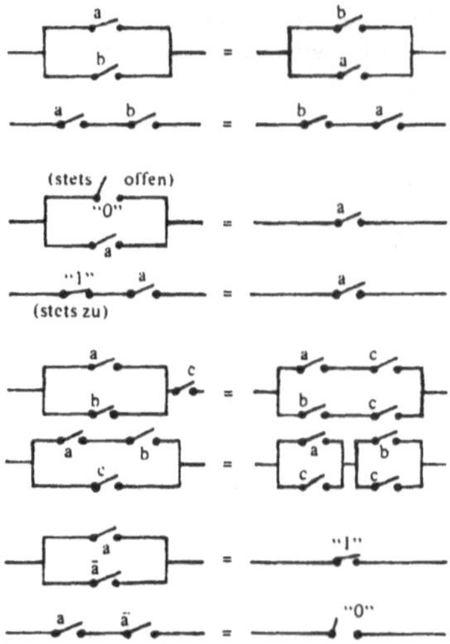

Abb. 2.4: **Die Bedeutung der Axiome I bis IV für Relaisschaltungen**

Man sieht, daß sich ein und dieselbe Schaltungseigenschaft mit mehr oder weniger Aufwand realisieren läßt. Das Axiomensystem und die daraus abgeleiteten Sätze stellen also Hilfsmittel zur Schaltungsvereinfachung dar.

2.3. Schaltfunktionen

2.3.1. Definitionen

Definition:

Unter einer ***Konstanten*** versteht man ein festes Element einer Booleschen Algebra. In der Schaltalgebra gibt es zwei Konstanten, nämlich die beiden Einselemente 0 und 1.

Definition:

Eine *Variable* x ist ein Symbol, das für ein Element einer Booleschen Algebra steht. Im Sonderfall der Schaltalgebra handelt es sich um *zweiwertige Variablen* $x \in \{0, 1\}$.
Die oben zur Bezeichnung der Schalter verwendeten Symbole s_1 und s_2 sind solche zweiwertigen Variablen.

Definition:

Unter einem *Booleschen Ausdruck* A versteht man eine endliche Anzahl von Variablen, die durch die Operationen $\vee$, $\wedge$ und $\bar{\ }$ verknüpft sind.
Beispiel: $A := (x_1 \vee x_2)\bar{x}_3 \vee x_3$

Definition:

Eine *Schaltfunktion* $f(x_1, x_2, \ldots, x_n)$ ist eine Zuordnungsvorschrift, die jeder der 2^n Wertekombinationen der Variablen
$x_1, x_2, \ldots, x_n$ $\quad x_i \in \{0, 1\}$ $\quad (i = 1, 2, \ldots, n)$
eindeutig einen Wert $f(x_1, x_2, \ldots, x_n) \in \{0,1\}$ zuordnet.
Eine Schaltfunktion ist also eine *zweiwertige Funktion von zweiwertigen Variablen.*

Beispiel 2.3: Waschmaschine.

Eine Waschmaschine läuft nur dann, wenn sie eingeschaltet ist (Variable $x_1 = 1$) und wenn der Deckel geschlossen ist (Variable $x_2 = 1$). Diese Eigenschaft kann man durch eine Funktion $f_w(x_1, x_2)$ beschreiben. Man hat dazu noch festzulegen, ob man das Laufen der Waschmaschine durch $f_{w1} = 1$ oder durch $f_{w2} = 0$ bezeichnen will. Im ersten Fall werden die Eigenschaften der Waschmaschine durch $f_{w1}(1,1) = 1$, sonst $f_{w1} = 0$, im zweiten durch $f_{w2}(1,1) = 0$, sonst $f_{w2} = 1$
beschrieben. Diese Eigenschaften von f_{w1} und f_{w2} stimmen gerade mit den Eigenschaften der UND- und ODER-Operationen überein. f_{w1} und f_{w2} lassen sich also durch die Ausdrücke x_1x_2 und $\bar{x}_1 \vee \bar{x}_2$ darstellen:

$$f_{w1} = x_1x_2 \text{ und } f_{w2} = \bar{x}_1 \vee \bar{x}_2$$

2.3.2. Die Darstellung von Schaltfunktionen

Eine Schaltfunktion ist eine Zuordnungsvorschrift, die verbal oder formal ausgedrückt werden kann. Es sind zwei formale Darstellungsarten üblich, die Darstellung durch eine Werte- oder Wahrheitstafel[10] und die durch einen Ausdruck.

Wahrheitstafeln. In 2^n Zeilen wird zu jeder der 2^n möglichen Wertekombinationen der Variablen $x_1, x_2, \ldots, x_n$ der zugehörige Funktionswert geschrieben (Tabelle 2.1).

Da in jeder Zeile entweder der Funktionswert 1 oder 0 angenommen wird, existieren $2^{(2^n)}$ nichtäquivalente Funktionen $f(x_1, x_2, \ldots, x_n)$.

x_1	x_2	......	x_n	$f(x_1, x_2, \ldots, x_n)$
0	0	......	0	δ_1
1	0	......	0	δ_2
0	1	......	0	δ_3
⋮	⋮		⋮	⋮
1	1	......	1	δ_{2^n}

Tabelle 2.1: Wahrheitstafel der Funktion $f(x_1, x_2, \ldots, x_n)$, $\delta_i \in \{0, 1\}$

Schaltfunktionen, dargestellt durch Ausdrücke. Während man Funktionen von wenigen Variablen leicht durch ihre Wahrheitstafel darstellen kann, wird dieses Verfahren bei einer größeren Anzahl von Variablen zu mühselig. Schon bei einer Funktion von 6 Variablen sind 64 Zeilen aufzustellen.

[10] Der Begriff „Wahrheitstafel" ist von der Aussagenlogik übernommen, wo die 1 mit der Aussage „wahr" und die 0 mit der Aussage „falsch" identifiziert wird.

Neben dem geringeren Schreibaufwand bietet die Darstellung von Schaltfunktionen durch Ausdrücke einen weiteren entscheidenden Vorteil: Die Rechenregeln der Booleschen Algebra (Abschnitt 2.1) gestatten es, Ausdrücke zu vereinfachen oder miteinander zu vergleichen.

In beiden Fällen bringt man die gegebenen Ausdrücke zunächst in eindeutige *Normalformen.* Beim Vergleichsproblem können dann diese Normalformen verglichen werden, bei der Vereinfachung (Minimisierung) gestatten sie die Anwendung eines systematischen Minimisierungsverfahrens (vgl. Abschnitt 2.4).

Beispiel 2.4: Wertetafel und Ausdruck einer Schaltfunktion.
Die Funktion f(a, b, c), die die Schaltung

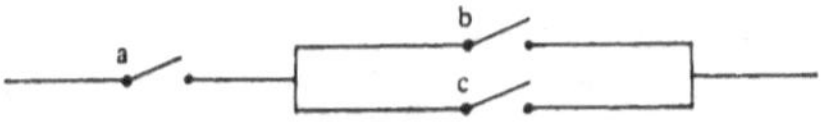

beschreibt, läßt sich durch folgende Wahrheitstafel darstellen: (Ein geschlossener Schalter sei wieder mit 1 bezeichnet)

a	b	c	f(a, b, c)
0	0	0	0
0	0	1	0
0	1	0	0
0	1	1	0
1	0	0	0
1	0	1	1
1	1	0	1
1	1	1	1

Gleichwertig ist folgender Ausdruck:

$$f(a, b, c) = a(b \vee c)$$

2.3.3. *Ein- und zweistellige Schaltfunktionen*

Im vorigen Abschnitt wurde festgestellt, daß $2^{(2^n)}$ nichtäquivalente Funktionen von n Variablen existieren. Im einfachsten Fall hängt die Schaltfunktion nur von einer Variablen ab und es gibt

$2^{(2^1)} = 4$ verschiedene Funktionen (Tabelle 2.2), von denen i. a. nur eine, die Negation, sinnvoll ist. Zur Bedeutung von Null- und Einsfunktion s. auch Abschnitt 3.2.2.

Wahrheitstafeln	x | f(x): 0 | 0; 1 | 0	x | f(x): 0 | 1; 1 | 0	x | f(x): 0 | 0; 1 | 1	x | f(x): 0 | 1; 1 | 1
Die Schaltfunktion als Ausdruck	$f(x) = 0$	$f(x) = \bar{x}$	$f(x) = x$	$f(x) = 1$
Schaltungssymbol		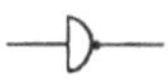		
Name	Null-funktion	Negation	Repro-duktion	Eins-funktion

Tabelle 2.2: Die vier einstelligen Schaltfunktionen

Anmerkung: Die Realisierung einer oder mehrerer Schaltfunktionen $f_1, f_2, \ldots, f_s$, die von denselben Variablen $x_1, x_2, \ldots, x_n$ abhängen, nennt man einen *Zuordner* oder ein *Schaltnetz* (combinational network).

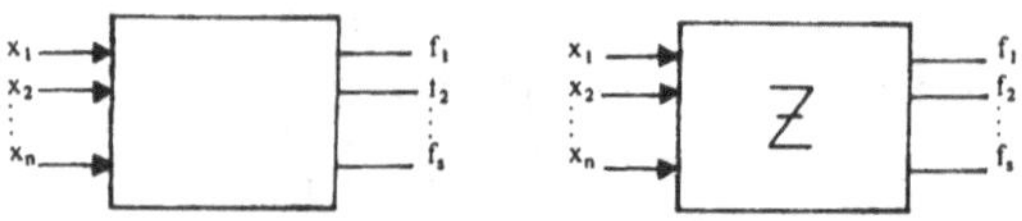

Abb. 2.5: Zuordner Schaltwerk

Ein Zuordner mit nur einer Ausgangsfunktion $(s = 1)$ wird gelegentlich auch *Schaltkreis* genannt. Während f_1 bis f_s beim Zuordner ausschließlich von den Eingangsvariablen $x_1, x_2, \ldots, x_n$ abhängen, gibt es auch Netzwerke, die Speicherelemente enthalten, deren Zustand Z die Funktionen f_1 bis f_s mitbeeinflussen. Derartige Netzwerke nennt man *Schaltwerke* (sequential networks).

Mit zwei Variablen x und y lassen sich $2^{(2^2)} = 16$ verschiedene Schaltfunktionen bilden, die in Tabelle 2.3 zusammengestellt sind. Unter ihnen findet man in $f_8(x, y)$ und $f_{14}(x, y)$ die schon bekannten Funktionen UND und ODER. Von den übrigen Funktionen sind nicht alle sinnvoll (z. B. nicht: $f_{12}(x, y) = x$).

Die Namen und Operationssymbole der sinnvollen Funktionen sind in der dritten Spalte angegeben. Neben den Funktionen UND und ODER sind besonders die *Sheffer*-Funktion und die *Peirce*-Funktion von Bedeutung, weil man mit jeder von ihnen jede beliebige Schaltfunktion darstellen kann.

Beweis: Die gesamte Schaltalgebra ist definiert durch die Operationen ODER ($\vee$), UND ($\wedge$) und Negation ($\bar{\ }$), also lassen sich alle Schaltfunktionen aus $\vee, \wedge, \bar{\ }$ aufbauen. Es genügt demnach zu zeigen, daß man mit der *Sheffer*- bzw. mit der *Peirce*-Funktion die Operationen ODER, UND und Negation bilden kann. Für die *Sheffer*-Funktion $f_7(x, y) = x \mid y$ sei dies hier gezeigt:

Negation: $f(x) = \bar{x}$
$= \overline{(xx)}$ Satz 3 x
$= x \mid x$

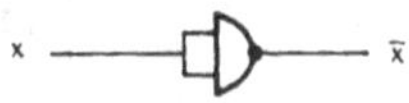

UND: $f(x, y) = xy$
$= (xy) \vee (xy)$ Satz 3
$= \overline{\overline{(xy) \vee (xy)}}$ Satz 6
$= \overline{\overline{(xy)}\;\overline{(xy)}}$ Satz 8
$= \overline{(x \mid y)\,(x \mid y)}$
$= (x \mid y) \mid (x \mid y)$

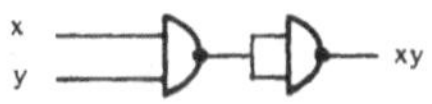

ODER: $f(x, y) = x \vee y$
$= \overline{\overline{x \vee y}}$ Satz 6
$= \overline{\bar{x}\bar{y}}$ Satz 8
$= \bar{x} \mid \bar{y}$
$= (x \mid x) \mid (y \mid y)$
und umgekehrt.

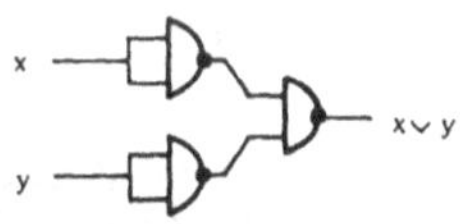

Diese Aussage bedeutet, daß es möglich ist, sämtliche logischen Verknüpfungsschaltungen in einem digitalen Rechenautomaten mit einem einzigen Bausteintyp (z. B. mit NAND-Gattern) auszuführen. In der Tat haben gerade NAND-Bausteine eine sehr große Bedeutung erlangt (Abschnitt 3.1.2).

Wahrheitstafel					Ausdruck in disjunktiver Normalform	Gebräuchliche Funktionsnamen und Operationssymbole		Ausdrücke mit spezifischen Operationssymbolen	Schaltungs-symbole	Verbale Bezeichnung
x:	1	1	0	0						
	1	0	1	0						
$f_0\ (x,y)=$	0	0	0	0	$f_0\ (x,y) = 0$	Nullfunktion				nie
$f_1\ (x,y)=$	0	0	0	1	$f_1\ (x,y) = \bar{x}\bar{y}$	PEIRCE-Funktior, NOR	$\downarrow$	$f_1\ (x,y) = x \downarrow y$	 $\overline{x \vee y}$	weder . . . noch
$f_2\ (x,y)=$	0	0	1	0	$f_2\ (x,y) = \bar{x}y$					
$f_3\ (x,y)=$	0	0	1	1	$f_3\ (x,y) = \bar{x}$					
$f_4\ (x,y)=$	0	1	0	0	$f_4\ (x,y) = x\bar{y}$					
$f_5\ (x,y)=$	0	1	0	1	$f_5\ (x,y) = \bar{y}$					
$f_6\ (x,y)=$	0	1	1	0	$f_6\ (x,y) = \bar{x}y \vee x\bar{y}$	Antivalenz, exklusives ODER, Addit. mod 2	$\oplus$, $\not\equiv$	$f_6\ (x,y) = x \oplus y$		entweder . . . oder, aut . . . aut
$f_7\ (x,y)=$	0	1	1	1	$f_7\ (x,y) = \bar{x} \vee \bar{y}$	SHEFFER-Funktion, NAND	$\mid$	$f_7\ (x,y) = x \mid y$	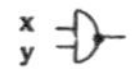 $\overline{xy}$	
$f_8\ (x,y)=$	1	0	0	0	$f_8\ (x,y) = xy$	Konjunktion, UND	$\wedge, \cdot$	$f_8\ (x,y) = x \wedge y$	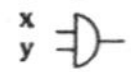 xy	und, sowohl . . . . . . als auch
$f_9\ (x,y)=$	1	0	0	1	$f_9\ (x,y) = xy \vee \bar{x}\bar{y}$	Äquivalenz	$\equiv$	$f_9\ (x,y) = x \equiv y$		gleich
$f_{10}(x,y)=$	1	0	1	0	$f_{10}(x,y) = y$					
$f_{11}(x,y)=$	1	0	1	1	$f_{11}(x,y) = \bar{x} \vee y$	Implikation	$\Rightarrow, \supset$	$f_{11}(x,y) = x \Rightarrow y$		wenn x . . . so y
$f_{12}(x,y)=$	1	1	0	0	$f_{12}(x,y) = x$					
$f_{13}(x,y)=$	1	1	0	1	$f_{13}(x,y) = x \vee \bar{y}$	Implikation	$\Rightarrow, \supset$	$f_{13}(x,y) = y \Rightarrow x$		wenn y . . . so x
$f_{14}(x,y)=$	1	1	1	0	$f_{14}(x,y) = x \vee y$	Disjunktion, ODER	$\vee, +$	$f_{14}(x,y) = x \vee y$	 $x \vee y$	oder, vel
$f_{15}(x,y)=$	1	1	1	1	$f_{15}(x,y) = 1$	Einsfunktion				immer

Tabelle 2.3: Die 16 zweistelligen Booleschen Funktionen

2.3.4. Darstellung von Schaltfunktionen durch normierte Ausdrücke

Bei allen Betrachtungen dieses Abschnittes wird vorausgesetzt, daß Schaltfunktionen $f(x_1, x_2, \ldots, x_n)$ von n Variablen vorliegen.

Definition:
Unter einem *Minterm* m_ν versteht man eine Konjunktion $m_\nu = x_1^{\delta_1} x_2^{\delta_2} x_3^{\delta_3} \ldots x_n^{\delta_n}$, in der $x_i^{\delta_i}$ entweder gleich x_i $(\delta_i = 1)$ oder gleich $\overline{x}_i$ $(\delta_i = 0)$ ist. Man nennt m_ν auch eine *Vollkonjunktion.* [11]

Mit Hilfe solcher Minterme kann man eine Schaltfunktion in normierter Form darstellen. Ein Satz, der gelegentlich Hauptsatz der Schaltalgebra genannt wird, besagt dazu:

Satz: Jede Schaltfunktion $f(x_1, x_2, \ldots, x_n)$ läßt sich eindeutig durch einen Ausdruck aus disjunktiv verknüpften Mintermen der Variablen $x_1, x_2, \ldots, x_n$ darstellen:

$$f_{DKF}(x_1, x_2, \ldots, x_n) = \bigvee_{f(\mathscr{L}\nu) = 1} m_\nu$$

Dieser Ausdruck heißt ***disjunktive kanonische Form*** (DKF).
$f(\mathscr{L}\nu) = 1$ besagt, daß genau die Minterme m_ν auftreten, die zu den Zeilen der Wertetafel gehören, in denen der Funktion $f(x_1, x_2, \ldots, x_n)$ der Wert 1 zugeordnet ist. Die $\mathscr{L}\nu$ sind die in den betreffenden Zeilen stehenden Wertekombinationen der x_i.

Es ist zweckmäßig, neben den kanonischen auch einfachere Normalformen zu definieren.

[11] Dem Dualitätsprinzip entsprechend kann man Maxterme $M_\nu = \overline{m}_\nu$ definieren, die ebenfalls eine eindeutige Darstellung jeder Funktion mit konjunktiv verknüpften Maxtermen M gestatten:

$$f_{KKF}(x_1, x_2, \ldots, x_n) = \bigwedge_{f(\mathscr{L}\nu) = 0} M_\nu$$

Man nennt f_{KKF} die *konjunktive kanonische Form* (KKF) der Funktion $f(x_1, x_2, \ldots, x_n)$.

Definition:

Unter einer *disjunktiven Normalform* (DNF)[12] versteht man einen Ausdruck, der aus disjunktiv verknüpften Konjunktionen besteht:

$$f_{DNF}(x_1, x_2, \ldots, x_n) = \bigvee (x_1^{\delta_1} x_2^{\delta_2} \ldots x_n^{\delta_n}),$$

wobei der Index δ_i angibt, ob eine Variable x_i direkt ($\delta_i = 1$), als Negation $\overline{x}_i$ ($\delta_i = 0$) oder nicht ($\delta_i = 2$) auftritt.

Zum Unterschied zur disjunktiven kanonischen Form müssen hier nicht in jeder Konjunktion alle Variablen x_i bzw. deren Komplement $\overline{x}_i$ auftreten. Während jede Funktion eindeutig durch eine disjunktive kanonische Form dargestellt werden kann, ist die Darstellung als disjunktive Normalform **nicht** eindeutig.

Alle hier besprochenen Normalformen sind Beispiele für *zweistufige Logik.* Der oben genannte Satz besagt demnach auch, daß jede mehrstufige Logik in zweistufige umgewandelt werden kann. So ist zum Beispiel die in Abb. 2.3 dargestellte fünfstufige Funktion $f^5 = s((t(u \vee vw) \vee xy)$ gleichwertig mit einer zweistufigen Funktion in DNF: $f^2 = stu \vee stvw \vee sxy$:

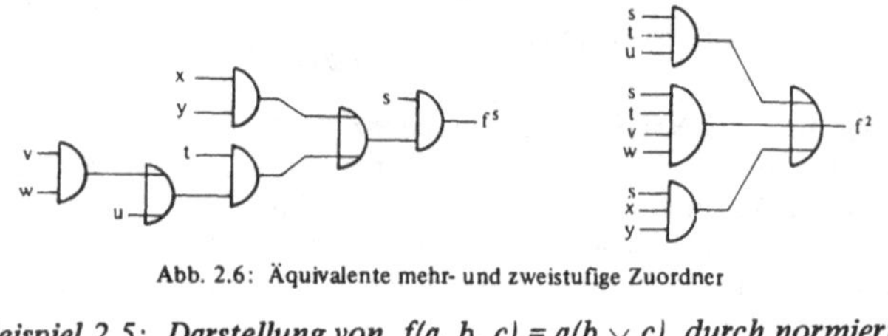

Abb. 2.6: Äquivalente mehr- und zweistufige Zuordner

Beispiel 2.5: Darstellung von $f(a, b, c) = a(b \vee c)$ durch normierte Ausdrücke.

Wir betrachten wieder die Funktion, die die Schaltung

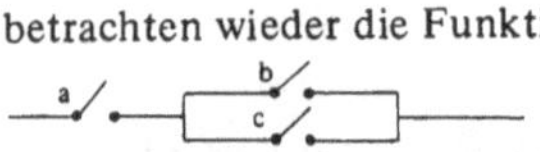

darstellt und erweitern die Wahrheitstafel um zwei Spalten für Minterme und Maxterme:

[12] Entsprechend wird eine Konjunktion von Disjunktionen eine *konjunktive Normalform* (KNF) genannt.

i	a b c	f(a, b, c)	Minterme m_i	Maxterme $M_i = m_i$
0	0 0 0	0	$\bar{a}\,\bar{b}\,\bar{c}$	$a \vee b \vee c$
1	0 0 1	0	$\bar{a}\,\bar{b}\,c$	$a \vee b \vee \bar{c}$
2	0 1 0	0	$\bar{a}\,b\,\bar{c}$	$a \vee \bar{b} \vee c$
3	0 1 1	0	$\bar{a}\,b\,c$	$a \vee \bar{b} \vee \bar{c}$
4	1 0 0	0	$a\,\bar{b}\,\bar{c}$	$\bar{a} \vee b \vee c$
5	1 0 1	1	$a\,\bar{b}\,c$	$\bar{a} \vee b \vee \bar{c}$
6	1 1 0	1	$a\,b\,\bar{c}$	$\bar{a} \vee \bar{b} \vee c$
7	1 1 1	1	$a\,b\,c$	$\bar{a} \vee \bar{b} \vee \bar{c}$

Tabelle 2.4: Minterme und Maxterme einer Schaltfunktion

Neben der Darstellung durch eine Wahrheitstafel kann die Funktion f(a, b, c) dargestellt werden als:

DKF: $f(a, b, c) = (a\bar{b}c) \vee (ab\bar{c}) \vee (abc)$
KKF: $f(a, b, c) = (a \vee b \vee c) \wedge (a \vee b \vee \bar{c}) \wedge (a \vee \bar{b} \vee c) \wedge (a \vee \bar{b} \vee \bar{c}) \wedge (\bar{a} \vee b \vee c)$
DNF: $f(a, b, c) = (ab) \vee (ac)$ (*eine* DNF)
KNF: $f(a, b, c) = (a) \wedge (b \vee c)$ (*eine* KNF)

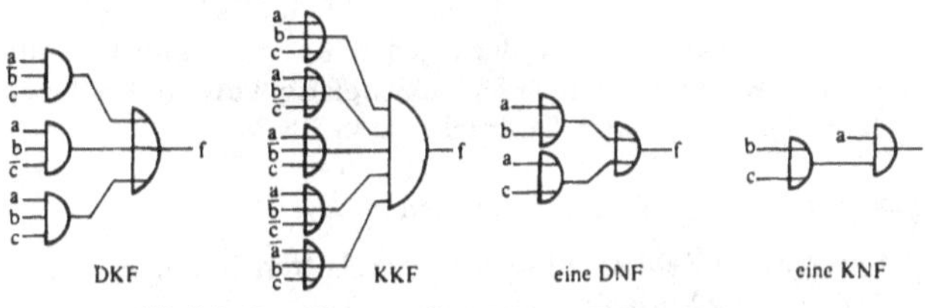

Abb. 2.7: Darstellung von f(a, b, c) in DKF, KKF, DNF, KNF

Zum Auffinden der eindeutig bestimmten kanonischen Form ist der Weg über die Wahrheitstafel nicht erforderlich. Vielmehr kann eine beliebig dargestellte Funktion mit Hilfe der Axiome und der daraus abgeleiteten Sätze in kanonische Form gebracht werden. Die Überführung der oben genannten DNF in DKF zum Beispiel erfolgt so:

$$\begin{aligned}(ab) \vee (ac) &= ((ab) \wedge (c \vee \bar{c})) \vee (ac) \wedge (b \vee \bar{b})) && \text{(II, IV)}\\ &= abc \vee ab\bar{c} \vee abc \vee a\bar{b}c && \text{(I, III)}\\ &= abc \vee ab\bar{c} \vee a\bar{b}c && \text{(Satz 3)}\end{aligned}$$

2.4. Minimisierung

Eine Schaltfunktion kann durch verschiedene Ausdrücke in DNF dargestellt werden. So stellen der Ausdruck $abc \vee ab \vee a\bar{b}$ und der Ausdruck a dieselbe Funktion dar. Das Aufsuchen möglichst einfacher und kurzer Ausdrücke zu einer gegebenen Funktion nennt man *Minimisierung*.

Vor der Konstruktion eines geeigneten Minimisierungsverfahrens ist zunächst ein vernünftiger Längenbegriff zu definieren, d. h. ein Maß für die Einfachheit eines Ausdruckes, das gleichzeitig ein brauchbares Maß für den Aufwand sein muß.

Längendefinitionen. Die Vereinfachung von Ausdrücken wird hauptsächlich mit dem Ziel betrieben, eine gegebene Funktion mit möglichst geringem technischen und finanziellen Aufwand zu realisieren. Daher muß bei der Definition eines Längenbegriffs auch auf die technologischen Eigenarten der zu verwendenden Schaltelemente und auf deren Preise Rücksicht genommen werden.

Es gibt keinen Längenbegriff, der in jedem Fall zu minimalem Aufwand führt. Wir betrachten deshalb exemplarisch drei Definitionen für die *Länge* $L(A)$ eines Ausdrucks A in DNF:

$L_v(A)$ = Anzahl der Variablen-Zeichen in A

$L_d(A) = L_v(A)$ + Zahl der disjunktiv verknüpften Terme mit mehr als einer Variablen.
(Bei reinen Diodengattern (vgl. Kap. 3) gibt $L_d(A)$ die Anzahl der erforderlichen Dioden an.)

$L_b(A)$ = Anzahl der zur Realisierung von A nötigen Bausteine. Diese Definition ist bei der Verwendung integrierter Bausteine sinnvoll.

Wie problematisch jede Längendefinition ist, geht am besten aus einem Beispiel hervor, in dem zwei Ausdrücke A_1 und A_2 bezüglich der drei Längendefinitionen verglichen werden:

Beispiel 2.6: Vergleich verschiedener Längendefinitionen.

$A_1 = bcd \vee b\bar{c}\bar{d} \vee \bar{a}bd \vee a\bar{b}c$ $\qquad A_2 = ab \vee \bar{a}\bar{b} \vee \bar{a}c \vee \bar{b}c \vee \bar{c}\bar{d}$

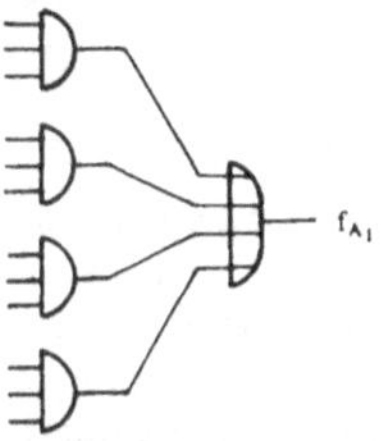

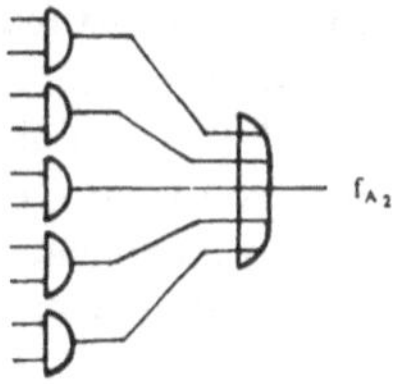

$L_v(A_1) = 12$ $\qquad L_v(A_2) = 10$ d. h. $L_v(A_1) > L_v(A_2)$

$L_d(A_1) = 16$ $\qquad L_d(A_2) = 15$ d. h. $L_d(A_1) > L_d(A_2)$

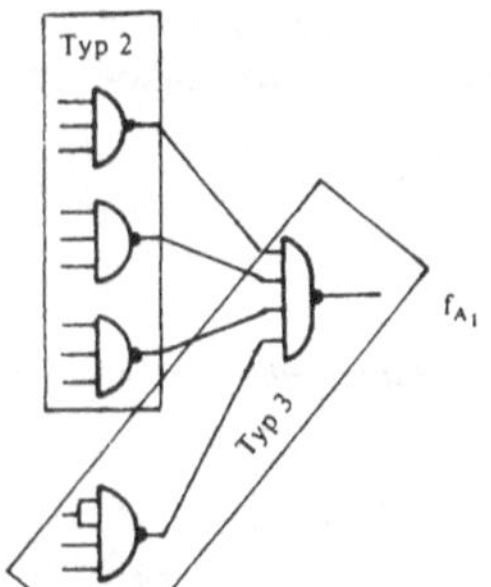

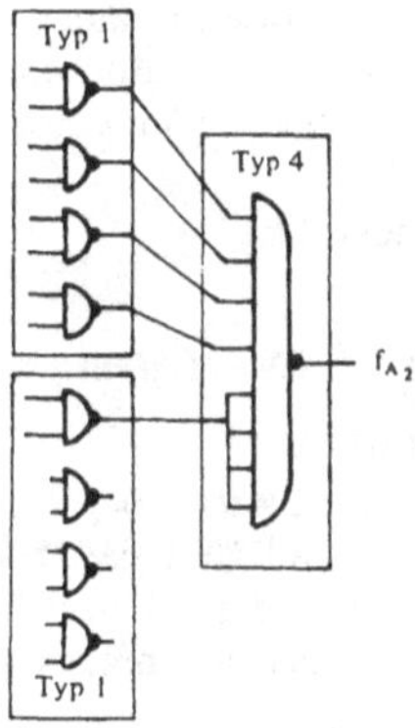

$L_b(A_1) = 2$
(1 Baustein Typ 2,
1 Baustein Typ 3)

$L_b(A_2) = 3$ d. h. $L_b(A_1) < L_b(A_2)$
(2 Bausteine Typ 1, 1 Baustein Typ 4)

Abb. 2.8: Realisierung der Ausdrücke A_1 und A_2 mit diskreten und integrierten Schaltkreisen

Minimisierungsverfahren. Die Vereinfachung eines gegebenen Ausdrucks stützt sich stets auf die vier Axiome und die daraus abgeleiteten Sätze. Die Gleichwertigkeit der Ausdrücke $abc \vee ab \vee a\overline{b}$ und a läßt sich sehr einfach zeigen:

$$abc \vee ab = ab \quad \text{nach Satz 4}$$
$$ab \vee a\overline{b} = a \quad \text{nach den Axiomen III und IV}$$

Bei komplizierten Ausdrücken ist es oft sehr schwer, zu erkennen, welche Terme sich zusammenfassen lassen. Deshalb wurden Verfahren entwickelt, die eine systematische Vereinfachung (Minimisierung) von Ausdrücken gestatten. Besonders wichtig ist dabei das algorithmische Verfahren von *Quine/Mc Cluskey*, das programmiert werden kann und das für Funktionen mit vielen Variablen geeignet ist. Bei Funktionen mit weniger als sechs Variablen sind auch einige graphische Verfahren sehr erfolgreich.

Die Verfahren beginnen meist damit, den zu vereinfachenden Ausdruck in disjunktive kanonische Form DKF zu bringen. Die in der DKF enthaltenen Minterme werden so geordnet, daß man erkennen kann, auf welche Minterme sich der Satz

$$xy \vee x\overline{y} = x$$

anwenden läßt.

2.4.1. Das Minimisierungsverfahren von Quine–Mc Cluskey

Definition:

Ein Term $T = x_1^{\delta_1} x_2^{\delta_2} \ldots x_n^{\delta_n}$ mit $\delta_i \in \{0, 1, 2\}$ einer Funktion in DNF heißt *Primimplikant*, wenn in der DNF kein Term T' existiert, der sich gemäß $xy \vee x\overline{y} = x$ mit T zu einem einfacheren Term zusammenfassen läßt.

Definition:

Eine DNF heißt *disjunktive Minimalform* (DMF) bezüglich einer Längendefinition L, wenn es für die durch A dargestellte Funktion keine DNF A' gibt, die bezüglich L kürzer als A ist, d. h. wenn kein A' existiert mit

$$L(A') < L(A).$$

Für Längendefinitionen, bei denen die Länge eines Ausdrucks nicht steigt, wenn eine Variable gestrichen wird, gilt folgender

Satz:

Zu jeder Schaltfunktion existiert wenigstens eine DMF, die Disjunktion von Primimplikanten ist.

Dieser Satz ist die Voraussetzung für die folgenden Minimisierungsverfahren, die u. a. darauf abzielen, Primimplikanten und damit die DMF zu ermitteln. Die Voraussetzungen des Satzes sind für alle drei Längendefinitionen L_v, L_d und L_b erfüllt.

Das Quine-Mc Cluskey-Verfahren geht aus von einer durch einen Ausdruck A definierten Schaltfunktion f_A und führt in vier Schritten zu einer disjunktiven Minimalform f_{DMF}:

I Der gegebene, die Schaltfunktion f_A definierende Ausdruck A wird in DKF gebracht.

II Es werden die Primimplikanten ermittelt.
Die Minterme der DKF werden in einer Tabelle in Klassen K_i geordnet, derart, daß in die Klasse K_i alle Minterme kommen, die i nichtnegierte Variable enthalten.

Die Primimplikanten von f_A ermittelt man, indem man versucht, die Minterme benachbarter Klassen K_i gemäß $xy \vee x\overline{y} = x$ zusammenzufassen. Minterme, die zu einem um eine Variable kürzeren Term verschmolzen werden können, werden abgehakt. Die durch Verschmelzung von Mintermen entstandenen Terme werden ihrerseits verglichen und falls möglich verschmolzen. Die nicht abgehakten, also nicht weiter verschmelzbaren Minterme und Terme sind gerade die gesuchten Primimplikanten.

III Es werden die *wesentlichen Primimplikanten* bestimmt.
Darunter versteht man die Primimplikanten, die als einzige einen der Minterme enthalten und die deshalb unbedingt verwendet werden müssen.

Dazu bildet man eine Tabelle, in der jedem Minterm eine Spalte und jedem Primimplikanten eine Zeile zugeordnet sind. Jedes Feld der Tabelle, das durch einen Primimplikanten und einen darin enthaltenen Minterm definiert ist, kreuzt man an. Alle Spalten, die nur ein Kreuz enthalten, verweisen auf wesentliche Primimplikanten, da der Minterm dieser Spalte nur in diesem einen Primimplikanten enthalten ist.

IV Die in den wesentlichen Primimplikanten nicht enthaltenen Minterme und die nichtwesentlichen Primimplikanten faßt man in einer Restmatrix zusammen. Aus diesen Primimplikanten bildet man Disjunktionen, in denen alle restlichen Minterme enthalten sind, und wählt aus ihnen eine (es kann mehrere geben!) mit minimaler Länge, eine ***minimale Restüberdeckung*** aus.

Während die Schritte I bis III eindeutig festgelegt sind, hat man im allgemeinen bei Schritt IV eine gewisse Freiheit bei der Wahl der minimalen Restüberdeckung. Das Ergebnis des Minimisierungsverfahrens ist eine disjunktive Minimalform DMF, in der die wesentlichen Primimplikanten und eine minimale Restüberdeckung disjunktiv zusammengefaßt sind.

Beispiel 2.7: ***Die Minimisierung von*** $f_A = ab \vee \bar{a}\bar{b}c \vee b\bar{c}d \vee a\bar{b}\bar{d} \vee \bar{a}\bar{b}\bar{c}$ ***nach dem Quine-Mc Cluskey-Verfahren.***

Schritt I: Durch Erweiterungen der Art:

$$ab = abc \vee ab\bar{c}$$
$$= abcd \vee abc\bar{d} \vee ab\bar{c}d \vee ab\bar{c}\bar{d}$$

erhält man:

$$f_{DKF} = abcd \vee abc\bar{d} \vee ab\bar{c}d \vee ab\bar{c}\bar{d} \vee a\bar{b}c\bar{d} \vee a\bar{b}\bar{c}\bar{d} \vee \bar{a}b\bar{c}d \vee \bar{a}\bar{b}c\bar{d} \vee \bar{a}\bar{b}cd \vee \bar{a}\bar{b}\bar{c}d \vee \bar{a}\bar{b}\bar{c}\bar{d}$$

Schritt II: Klasseneinteilung der Minterme, Ermittlung der Primimplikanten.

Als Primimplikanten erhält man folgende nicht abgehakte Terme:
$\bar{a}\bar{c}d$, $b\bar{c}d$, $\bar{a}\bar{b}$, $\bar{b}\bar{d}$, $a\bar{d}$, ab.

Tabelle 2.5: Ermittlung der Primimplikanten

→

Klasse	„Gewicht“ der Minterme[13]	Minterme	Verschmelzung von Mintermen		Verschmelzung von Termen mit 3 Variablen	
			verschmolzene Minterme	neue Terme mit 3 Variablen	Verschmolzene Terme	neue Terme mit 2 Variablen
K_0	0	$\bar a\bar b\bar c\bar d \vee$				
K_1	1	$\bar a\bar b\bar c d \vee$	0,1	$\bar a\bar b\bar c \vee$	0,1 – 2,3	$\bar a\bar b$
	2	$\bar a\bar b c\bar d \vee$	0,2	$\bar a\bar b\bar d \vee$	0,2 – 1,3	$\bar a\bar b$
	8	$a\bar b\bar c\bar d \vee$	0,8	$\bar b\bar c\bar d \vee$	0,8 – 2,10	$\bar b\bar d$
K_2	3	$\bar a\bar b cd \vee$	1,3	$\bar a\bar b d \vee$		
	5	$\bar a b\bar c d \vee$	1,5	$\bar a\bar c d$		
	10	$a\bar b c\bar d \vee$	2,3	$\bar a\bar b c \vee$		
	12	$ab\bar c\bar d \vee$	2,10	$\bar b c\bar d \vee$		
			8,10	$a\bar b\bar d \vee$	8,10–12,14	$a\bar d$
			8,12	$a\bar c\bar d \vee$	8,12–10,14	$a\bar d$
K_3	13	$ab\bar c d \vee$	5,13	$b\bar c d$		
	14	$abc\bar d \vee$	10,14	$ac\bar d \vee$		
			12,13	$ab\bar c \vee$	12,13–14,15	ab
			12,14	$ab\bar d \vee$	12,14–13,15	ab
K_4	15	$abcd \vee$	13,15	$abd \vee$		
			14,15	$abc \vee$		

Schritt III: Auswahl der wesentlichen Primimplikanten.

Minterme / Primimplikanten	0	1	2	3 ↓	5	8	10	12	13	14	15 ↓	wesentliche Primimplikanten
$\bar{a}\bar{c}d$		x			x							
$b\bar{c}d$					x				x			
$\bar{a}\bar{b}$	x	x	x	x								←
$\bar{b}\bar{d}$	x		x			x	x					
$a\bar{d}$						x	x	x		x		
ab								x	x	x	x	←

Tabelle 2.6: Tabelle zur Auswahl der wesentlichen Primimplikanten

Der Minterm 3 (bzw. 15) ist nur in einem Primimplikanten und zwar in $\bar{a}\bar{b}$ (bzw. ab) enthalten; $\bar{a}\bar{b}$ und ab sind also wesentliche Primimplikanten. Sie überdecken die Minterme 0, 1, 2, 3 und 12, 13, 14, 15.

Schritt IV: Die verbleibenden Minterme und Primimplikanten faßt man in der Restmatrix zusammen:

	5	8	10	
$\bar{a}\bar{c}d$	x			Minterm 5 kann durch $\bar{a}\bar{c}d$ oder $b\bar{c}d$
$b\bar{c}d$	x			überdeckt werden.
$\bar{b}\bar{d}$		x	x	Die Minterme 8 und 10 können durch $\bar{b}\bar{d}$
$a\bar{d}$		x	x	oder durch $a\bar{d}$ überdeckt werden.

Tabelle 2.7: Ermittlung der Restüberdeckung

[13] Es ist praktisch, die Minterme zu benennen. Eine einfache Möglichkeit besteht darin, die Minterme als Dualzahlen aufzufassen, wobei jede nicht negierte Variable als 1, jede negierte als 0 aufgefaßt wird. Diese Dualzahlen werden als Gewichte der Minterme bezeichnet.
Beispiel: $a\bar{b}c\bar{d} = (1010)_2 = (10)_{10}$.

Man erhält also 4 gleichwertige Restüberdeckungen. Die gesuchte DMF der gegebenen Schaltfunktion hat also die Gestalt:

$$f_{DMF} = ab \vee \bar{a}\bar{b} \quad \begin{cases} \bar{b}\bar{d} \vee \bar{a}\bar{c}d \\ \bar{b}\bar{d} \vee b\bar{c}d \\ a\bar{d} \vee \bar{a}\bar{c}d \\ a\bar{d} \vee b\bar{c}d \end{cases}$$

wesentliche Primimplikanten — 4 gleichwertige Restüberdeckungen

2.4.2. Graphische Minimisierungsverfahren

Das Verfahren von Karnaugh-Veitch benutzt zur Minimisierung ein Rechteckschema, in dem jedem der 2^n Minterme von n Variablen $x_1, x_2, \ldots, x_n$ ein Feld zugeordnet ist. Die Felder werden durch 0/1-Muster gekennzeichnet, wobei $111 \ldots 1$ dem Minterm $x_1x_2x_3 \ldots x_n$, $011 \ldots 1$ dem Minterm $\bar{x}_1x_2x_3 \ldots x_n$ und schließlich $000 \ldots 0$ dem Minterm $\bar{x}_1\bar{x}_2\bar{x}_3 \ldots \bar{x}_n$ zugeordnet ist. Die Zuordnung ist so gewählt, daß benachbarte Felder verschmelzbare Minterme enthalten.

Zur Minimisierung einer Funktion markiert man alle in der DKF enthaltenen Minterme und faßt die verschmelzbaren Minterme zusammen. Das Verfahren verläuft in drei Schritten:

I Die Konstruktion des Karnaugh-Veitch-Diagramms. Man zeichnet ein Rechteck und unterteilt es in 2^n Felder. Der einen Hälfte der Felder ordnet man alle Minterme zu, die x_1 enthalten, der anderen alle Minterme mit $\bar{x}_1$. Für die zweite Variable x_2 sucht man ebenfalls eine Halbierung, die so liegen muß, daß die Kombinationen $x_1x_2, x_1\bar{x}_2, \bar{x}_1x_2$ und $\bar{x}_1\bar{x}_2$ gleich häufig auftreten. Entsprechend sucht man für die Variable x_3 eine neue Halbierung so, daß die Kombinationen $x_1x_2x_3$, $x_1x_2\bar{x}_3$ usw. bis $\bar{x}_1\bar{x}_2\bar{x}_3$ gleich oft vorkommen. Dieses Verfahren setzt man bis zur Variablen x_n fort. Die folgenden Abbildungen zeigen die Karnaugh-Veitch-Diagramme für zwei, drei und vier Variablen:

n = 2: Man kann den vier Feldern die Minterme auf verschiedene, aber gleichwertige Weisen zuordnen.

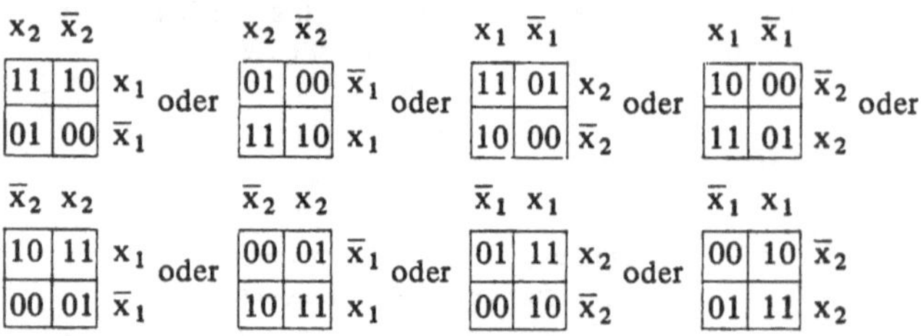

Abb. 2.9: Die 8 möglichen Karnaugh-Veitch-Diagramme für 2 Variablen

Im folgenden wird das in Abb. 2.9 links oben stehende Diagramm benutzt und erweitert.

n = 3: Bei drei Variablen erhält man 8 Felder. Die Zuordnung zwischen Feldern und Mintermen zeigen drei geschweifte Klammern am Rand der Rechtecke an. Sie verweisen jeweils auf *die* Hälfte der Felder, in denen die betreffende Variable x_i nichtnegiert auftritt (Abb. 2.10). Analog verfährt man bei vier Variablen.

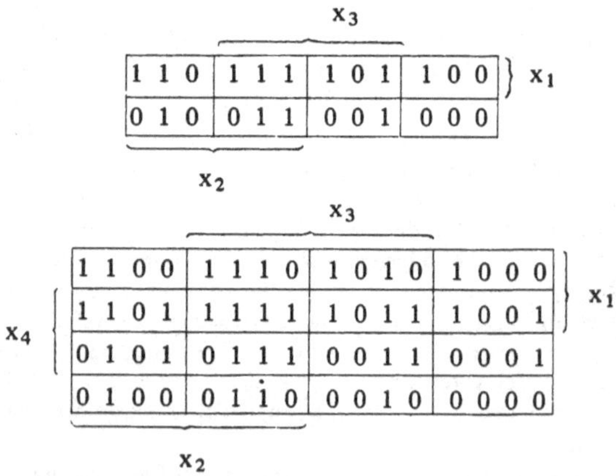

Abb. 2.10: Karnaugh-Veitch-Diagramme für drei und vier Variablen

Bei diesen Diagrammen ist zu beachten, daß die linke und die rechte sowie die obere und die untere Begrenzungslinie des Rechtecks zu identifizieren sind. Zum Beispiel sind bei $f_{DKF} = a\bar{b}\bar{c} \vee ab\bar{c}$ die Felder 110 und 100 benachbart und die zugehörigen Minterme zu $a\bar{c}$ verschmelzbar (Abb. 2.11).

Bei fünf Variablen müssen zur Kennzeichnung der Nachbarschaft zusätzliche Hilfslinien gezogen werden, so daß das Diagramm bereits unübersichtlich wird.

1 1 0	1 1 1	1 0 1	1 0 0
0 1 0	0 1 1	0 0 1	0 0 0

Abb. 2.11: Randverknüpfung beim Karnaugh-Veitch-Diagramm

II Markierung der zur DKF gehörenden Minterme. Der zu minimisierende Ausdruck wird in DKF[14] gebracht. Alle in der DKF auftretenden Minterme werden in dem Karnaugh-Veitch-Diagramm (z. B. durch Schraffieren) markiert.

III Verschmelzung „benachbarter" Minterme. Die Minterme, die zu benachbarten schraffierten Feldern gehören, faßt man zusammen zu einem Term mit $n - 1$ Variablen bei 2^1 benachbarten Feldern, zu einem Term mit $n - 2$ Variablen bei 2^2 benachbarten Feldern usw.[15].

Beispiel 2.8: Die Minimisierung von $f_A = ab \vee \bar{a}\bar{b}c \vee b\bar{c}d \vee a\bar{b}\bar{d} \vee \bar{a}\bar{b}\bar{c}$ nach dem Verfahren von Karnaugh-Veitch.

[14] Wegen der Übersichtlichkeit des Karnaugh-Veitch-Diagramms kann man oft darauf verzichten, den zu minimisierenden Ausdruck zunächst in DKF zu bringen und kann die von einem Term überdeckten Felder unmittelbar markieren. Dadurch bietet dieses Verfahren wesentliche Vorteile gegenüber anderen, die stets von der DKF ausgehen.

[15] Genauer: Vier benachbarte schraffierte Felder in einer Zeile oder Spalte oder in zwei benachbarten Zeilen oder Spalten.

Man benutzt ein Diagramm nach Abb. 2.10 für vier Variable, das vorgedruckt sein kann, und schraffiert darin die von f_A überdeckten Minterme.

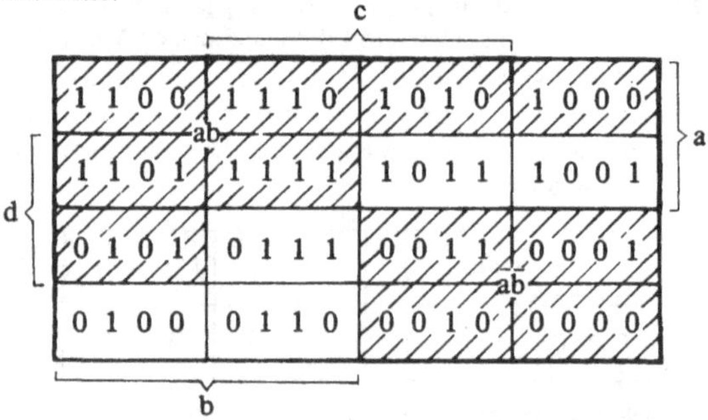

Abb. 2.12: Die Minimisierung einer Funktion von vier Variablen mit dem Karnaugh-Veitch-Diagramm

Das Ergebnis $f_{DMF} = ab \vee \bar{a}\bar{b} \vee \begin{matrix} \bar{b}\bar{d} \vee \bar{a}\bar{c}d \\ \bar{b}\bar{d} \vee b\bar{c}d \\ a\bar{d} \vee \bar{a}\bar{c}d \\ a\bar{d} \vee b\bar{c}d \end{matrix}$ erhält man durch

Zusammenfassung von je vier Feldern oben links (ab) und unten rechts ($\bar{a}\bar{b}$). Die Wahlmöglichkeit im dritten und vierten Term der DMF ist leicht zu erkennen. So kann man die den Term $a\bar{b}\bar{d}$ darstellenden Felder rechts oben entweder mit den übrigen Feldern der ersten Zeile zu $a\bar{d}$ oder mit zwei Feldern der untersten Zeile zu $\bar{b}\bar{d}$ zusammenfassen. Entsprechend führt der Term $b\bar{c}d$ entweder zu sich selbst oder zu $\bar{a}\bar{c}d$.

Der Kreisgraph nach *Händler* ordnet den einzelnen Mintermen Knoten eines Graphen zu. Die Nachbarschaft von Mintermen wird durch Kanten dargestellt, die die entsprechenden Knoten miteinander verbinden. Bei dem „Kreisgraph" liegen sämtliche Knoten auf einem Kreis. Um symmetrische Kanten zu bekommen, wird die Reihenfolge der Knoten (bzw. Minterme) durch den ***reflektierten Gray-***

Code festgelegt, der sich durch fortlaufende Spiegelung und Ergänzung konstruieren läßt. Die negierten Variablen werden dabei durch Nullen, die nichtnegierten durch Einsen dargestellt.

Man beginnt mit einer Variablen, die negiert (0) oder nichtnegiert (1) auftritt. Die 0 und 1 werden gespiegelt. Durch Anfügen einer Null vor 0 und 1 und einer Eins vor die Spiegelbilder werden Terme mit 2 Variablen gebildet. Die Spiegelung und das Anfügen von Nullen und Einsen wird wiederholt, bis die gewünschte Zahl von n Variablen und 2^n Termen erreicht ist. Im nebenstehenden Beispiel sind die angefügten Nullen und Einsen dünn gedruckt.

	0000	
n = 1	0001	Spiegelung
	0011	
n = 2	0010	Spiegelung
	0110	
	0111	
	0101	
n = 3	0100	Spiegelung
	1100	
	1101	
	1111	
	1110	
	1010	
	1011	
	1001	
n = 4	1000	

Die zugehörigen Kreisgraphen sind in Abb. 2.13 wiedergegeben.

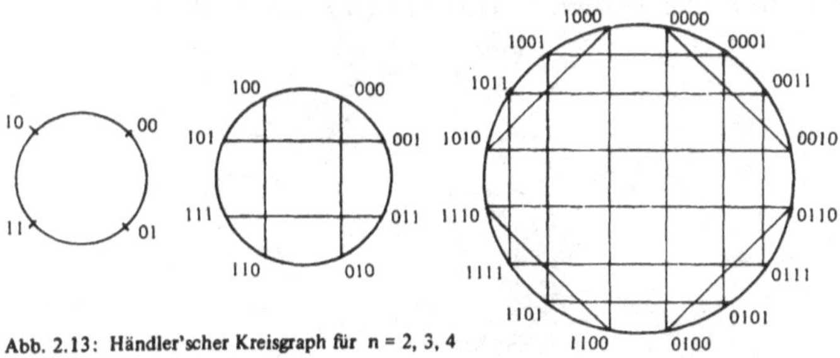

Abb. 2.13: Händler'scher Kreisgraph für n = 2, 3, 4

Das Minimisierungsverfahren mit dem Kreisgraphen verläuft in folgenden Schritten:

I Aufstellung der DKF.

II Alle Knoten, die auftretende Minterme repräsentieren, werden gekennzeichnet.

III Alle Kanten, die markierte Knoten verbinden, werden gekennzeichnet. Der so entstandene Untergraph markiert sämtliche Primimplikanten. Er setzt sich zusammen aus folgenden Unterstrukturen:

isolierten Knoten (Primimplikant der Länge n)
2^1 verbundenen Knoten (Primimplikant der Länge n-1)
2^2 verbundenen Knoten (Primimplikant der Länge n-2)
2^3 verbundenen Knoten (Primimplikant der Länge n-3)
usw.

Das Auffinden der wesentlichen Primimplikanten und der Restüberdeckung bleibt wie beim Karnaugh-Veitch-Diagramm der Geschicklichkeit überlassen.

Beispiel 2.9: Die Minimisierung von $f_A = ab \vee \bar{a}\bar{b}c \vee b\bar{c}d \vee a\bar{b}\bar{d} \vee \bar{a}\bar{b}\bar{c}$ *mit dem Händler'schen Kreisgraphen.*

Die DKF hat die Form (vgl. Bsp. 2.7):

$$f_{DKF} = abcd \vee abc\bar{d} \vee ab\bar{c}d \vee ab\bar{c}\bar{d} \vee a\bar{b}c\bar{d} \vee a\bar{b}\bar{c}\bar{d} \vee \bar{a}b\bar{c}d \vee \bar{a}\bar{b}c\bar{d} \vee \bar{a}\bar{b}cd \vee \bar{a}\bar{b}\bar{c}d \vee \bar{a}\bar{b}\bar{c}\bar{d}$$

Man markiert alle in der DKF auftretenden Minterme (durch ⬭) und die Kanten zwischen markierten Mintermen (durch dicke Linien).

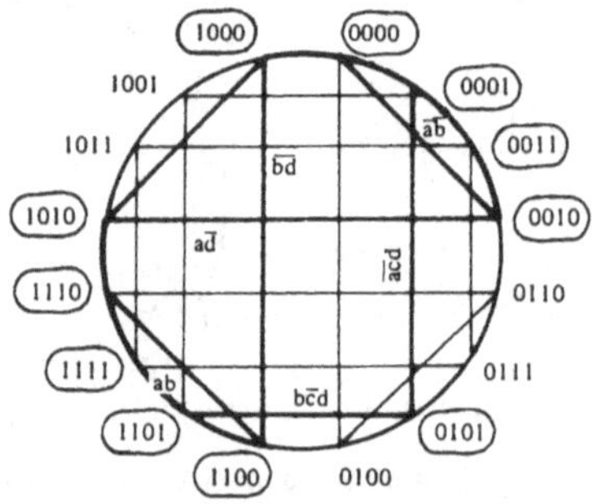

Abb. 2.14: Minimisierung einer Funktion von 4 Variablen mit dem Händler'schen Kreisgraphen

Man sieht, daß vier Primimplikanten der Länge $n-2$, d. h. vier Unterstrukturen  (ab, $\bar{a}\bar{b}$, $\bar{b}\bar{d}$, $a\bar{d}$) und zwei Primimplikanten der Länge $n-1$, d. h. zwei Unterstrukturen  ($b\bar{c}d$, $\bar{a}\bar{c}d$) existieren. Weiter kann der Abb. 2.14 entnommen werden, daß die Minterme $a\bar{b}c\bar{d}$ (1010) und $a\bar{b}\bar{c}\bar{d}$ (1000) wahlweise durch $a\bar{d}$ oder $\bar{b}\bar{d}$ überdeckt werden können. Auch für den Minterm $\bar{a}b\bar{c}d$ (0101) existieren mit $\bar{a}\bar{c}d$ und $b\bar{c}d$ zwei gleichwertige Überdeckungsmöglichkeiten. Das Ergebnis lautet also wie in Beispiel 2.8:

$$f_{DMF} = ab \vee \bar{a}\bar{b} \vee \begin{cases} \bar{b}\bar{d} \vee \bar{a}\bar{c}d \\ \bar{b}\bar{d} \vee b\bar{c}d \\ a\bar{d} \vee \bar{a}\bar{c}d \\ a\bar{d} \vee b\bar{c}d. \end{cases}$$

3. Technische Elemente von Rechenautomaten

Im ersten Kapitel wurde am Beispiel der natürlichen Zahlen untersucht, wie man Informationen binär darstellt und verarbeitet. Das zweite Kapitel enthält mit der Schaltalgebra und der Minimisierung Hilfsmittel zum Entwurf von Verknüpfungsschaltungen. In diesem Kapitel werden die technischen Hilfsmittel behandelt, die zum Verständnis der Struktur von Rechenautomaten erforderlich sind. Aus diesem Grunde werden nur Techniken erwähnt, die Verbreitung gefunden und somit die Struktur von Rechenautomaten beeinflußt haben.

Um hohe Arbeitsgeschwindigkeiten zu erzielen, benutzt man im Rechnerkern[16] bistabile elektronische Schaltkreise (Flipflops) als

[16] Unter dem *Rechnerkern* versteht man eine Rechenanlage ohne Speicher und ohne Ein- und Ausgabegeräte. Bei einem Universalrechner (Kap. 4) besteht der Rechnerkern aus Leitwerk und Rechenwerk. In manchen Definitionen wird der Arbeitsspeicher als Teil des Rechnerkerns angesehen.

Speicherelemente, in denen die binäre Information durch elektrische Spannungen dargestellt ist. Die folgende Zuordnung:

„0" := niedriges Potential (z. B. 0 Volt)
„1" := hohes Potential (z. B. 6 Volt)

nennt man *positive Logik.* Diese Festlegung ist willkürlich, häufig wird die „1" dem niedrigeren Potential zugeordnet.

Die so dargestellte Information ist jederzeit ohne irgendeine Vorbereitung meßbar und kann in einigen Nanosekunden mit elektronischen logischen Schaltungen ausgewertet, transportiert und verknüpft werden. Während als logische Schaltungen fast ausschließlich elektronische Schaltkreise verwendet werden, überwiegen wegen der Kosten und aus Gründen der Sicherheit außerhalb des Rechnerkerns magnetische Speicherelemente (die in Flipflops gespeicherte Information geht beim Ausfall der Versorgungsspannung verloren).
Um hervorzuheben, wo man die hier beschriebenen Speichertechniken in einer Rechenanlage einsetzt, werden einige erst in den Kapiteln 4 und 6 behandelte Begriffe wie Arbeitsspeicher, Hintergrundspeicher usw. bereits hier verwendet.

3.1. Logische Schaltungen

3.1.1. Inverter, Negation

Ein Inverter ist eine Schaltung, die die logische Funktion „Negation" realisiert. Daneben wirkt der Inverter noch als Verstärker, so daß man an einen Inverterausgang ohne Überlastung der Schaltung etwa 10 Invertereingänge legen kann (engl.: fan-out = 10). Diese Eigenschaft ist wichtig, wenn die dargestellte binäre Variable mehrfach zu weiteren Verknüpfungen verwendet werden soll. Abbildung 3.1 zeigt einen einfachen Inverter. Er besteht im wesentlichen aus einem Transistor Tr (früher einer Röhre) als verstärkendem Element und einem Arbeitswiderstand R_a.

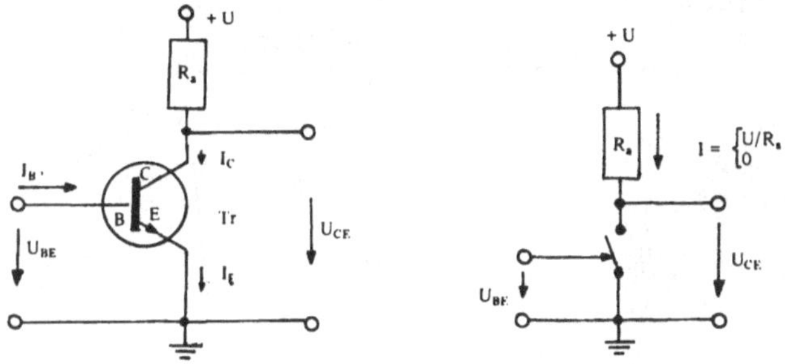

Abb. 3.1: Links: Inverterschaltung, bestehend aus einem npn-Transistor Tr in Emitterschaltung (B: Basis, E: Emitter, C: Kollektor)
Rechts: Betrachtung des Transistors als Schalter

Das Verhalten der Schaltung am Ausgang (Kollektor C) wird besonders deutlich, wenn man den Transistor als Schalter betrachtet. Bei geschlossenem Schalter (Abb. 3.2, Fall X) fällt die gesamte Spannung U am Widerstand R_a ab und am Ausgang erscheint $U_{CE} = 0$ V. Bei geöffnetem Schalter (Fall Y) ist $I \approx 0$ und $U_{CE} = U$.

Wenn die Schaltung nur zwei Ausgangssignale, nämlich $U_{CE} = U_{CEX} \approx 0$ V und $U_{CE} = U_{CEY} \approx U$ haben soll, müssen Basisstrom I_B und Basisspannung U_{BE} genügend groß bzw. klein gewählt werden.

Die entsprechenden Werte entnimmt man dem Kennlinienfeld in Abbildung 3.2. Die Schnittpunkte X und Y der Widerstandsgeraden mit den Kennlinien $I_B \geqslant 80 \mu A$ und $I_B = 0 \mu A$ stellen die beiden zugehörigen Arbeitspunkte dar.

Als Beispiel möge der Silizium-Planar-Transistor BSY 21 bei U = 6 V dienen. Dem *Ausgangskennlinienfeld* (Abb. 3.2) entnimmt man:

$$U_{CE} = U_{CEX} \approx 0 \text{ V} \quad \text{für} \quad I_B \geqslant 80 \mu A$$
$$U_{CE} = U_{CEY} \approx 6 \text{ V} \quad \text{für} \quad I_B \approx 0 \mu A$$

Ausgangskennlinie
Emitterschaltung
$I_C = f(U_{CE})$, I_B = Parameter

Eingangskennlinie
Emitterschaltung
$I_B = f(U_{BE})$

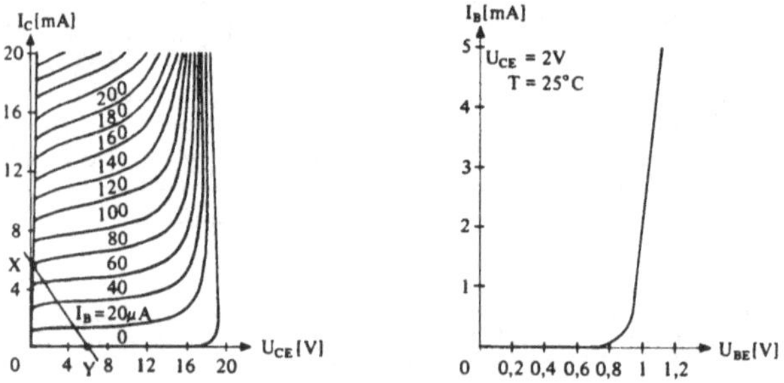

Abb. 3.2: Kennlinienfeld des Transistors BSY 21, Widerstandsgerade für $R_a = 1\ k\,\Omega$

Der Eingangskennlinie entnimmt man:

$$I_B \geqslant 80\ \mu A \quad \text{für} \quad U_{BE} \geqslant 0{,}8\ V$$
$$I_B \approx 0\ \mu A \quad \text{für} \quad U_{BE} \leqslant 0{,}6\ V$$

Es ist eine Schaltung gesucht, die die logische Funktion der Negation bildet. Der bisher betrachtete Inverter benötigt aber als Eingangsinformation Spannungen von etwa 0 und 0,8 V, während die Ausgangsinformation durch etwa 0 und 6 V dargestellt ist. Um diesen Unterschied zu überbrücken, benötigt man eine Anpassungsschaltung. Es gelte folgende Zuordnung:

$$\text{„0"} := 0\ V \qquad (3.1)$$
$$\text{„1"} := 6\ V$$

Dann muß die Anpassung *vor* dem Eingang des eigentlichen Inverters liegen und bei $U_e = 0\ V$ bzw. $U_e = 6\ V$ die Spannung $U_{BE} \leqslant 0{,}6\ V$ bzw. $U_{BE} \geqslant 0{,}8\ V$ an die Basis B des Transistors abgeben. Ein einfacher Spannungsteiler (Abb. 3.3) bewerkstelligt die Anpassung (z. B.: $R_e = 6\ k\Omega$, $R_B = 1\ k\Omega \Rightarrow U_{BE} = 0{,}86\ V$ bei $U_e = 6\ V$ und $U_{BE} = 0\ V$ bei $U_e = 0\ V$).

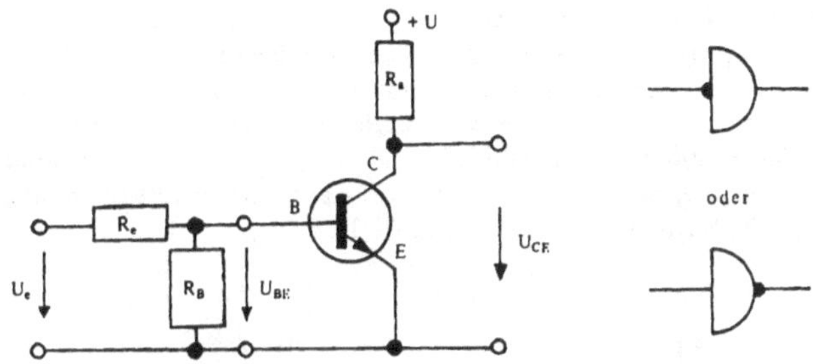

Abb. 3.3: Links: Inverter, bestehend aus Spannungsteiler und Transistor in Emitterschaltung
Rechts: Symbol des Inverters (der Negation) nach DIN 40700

In realen Schaltungen werden die Spannungen 0 V und U am Ausgang nur näherungsweise angenommen. Noch stärker treten die Abweichungen vom idealen Schalterverhalten in Erscheinung, wenn man die Reaktion des Inverters auf zeitlich schnell veränderliche Eingangssignale $i_B(t)$ betrachtet (vgl. Abb. 3.4).

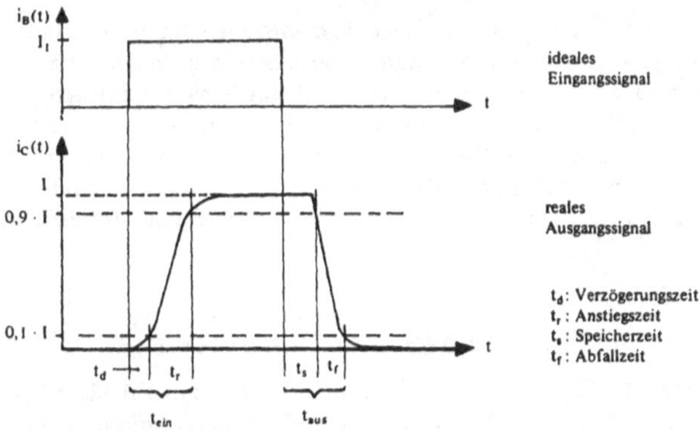

Abb. 3.4: Reales Verhalten eines Inverters

Auf die Anstiegsflanke des Rechtecksignals am Eingang folgt das Ausgangssignal erst mit einer gewissen Verzögerung t_d. Der Anstieg ist nicht mehr sprunghaft (Anstiegszeit $t_r \neq 0$). Entsprechend verläuft der Abfall. Das nichtideale Verhalten berücksichtigt man teilweise, indem man zwei Schwellen s_0, s_1 so festlegt, daß alle Spannungen oberhalb von s_1 als „1" aufgefaßt werden, alle Spannungen unterhalb von s_0 als „0" (vgl. Abb. 3.5).

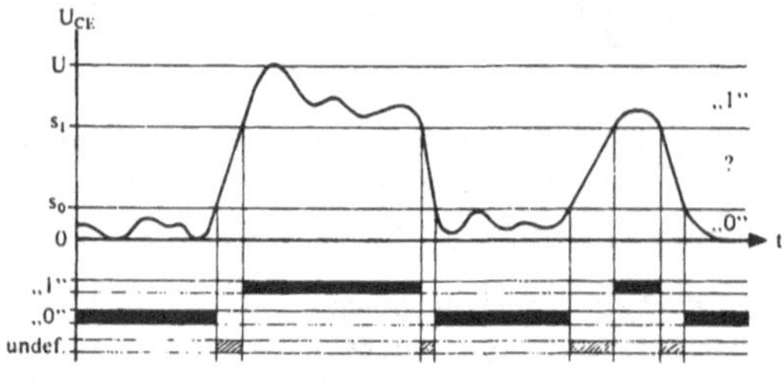

Abb. 3.5: Definition von „0" und „1", undefinierte Zustände

Trotz dieser Festlegung von Schwellen entstehen durch die schrägen Anstiegs- und Abfallflanken undefinierte Bereiche (in Abb. 3.5 schraffiert). Um diese Bereiche als Fehlerquelle auszuschließen, muß dafür gesorgt werden, daß nur von wohldefinierter Information Gebrauch gemacht wird. Dies geschieht meist durch *synchrone Arbeitsweise,* bei der Transporte, Verknüpfungen etc. nur zu Zeitpunkten erfolgen, die die von einer zentralen *Uhr* ausgehenden *Taktimpulse* markieren.

3.1.2. UND-Gatter und NAND-Gatter

Die logische Funktion der Konjunktion ist bereits in Tabelle 2.3 definiert worden. Sie läßt sich auf verschiedene Weise realisieren, eine Realisierungsart ist das *Diodengatter.*

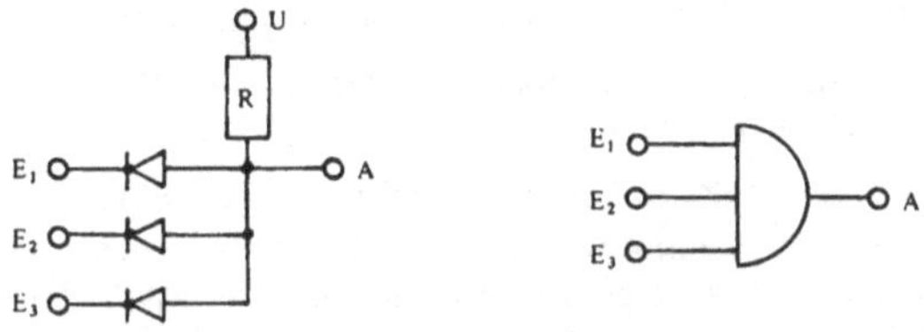

Abb. 3.6: UND-Gatter aus Dioden, Symbol eines UND-Gatters mit 3 Eingängen

Die Wirkungsweise des Diodengatters nach Abb. 3.6 wird klar, wenn man das Kennlinienbild einer Diode betrachtet (Abb. 3.7), wonach eine Diode für $U > U_0$ Strom durchläßt, dagegen für $U < U_0$ gesperrt ist. Legt man die idealisierte Kennlinie zugrunde, so erhält man am Ausgang A die Spannung

$$U_A = \mathrm{Min}\,(U, U_{E1}, U_{E2}, \ldots, U_{Es}) \qquad (3.2)$$

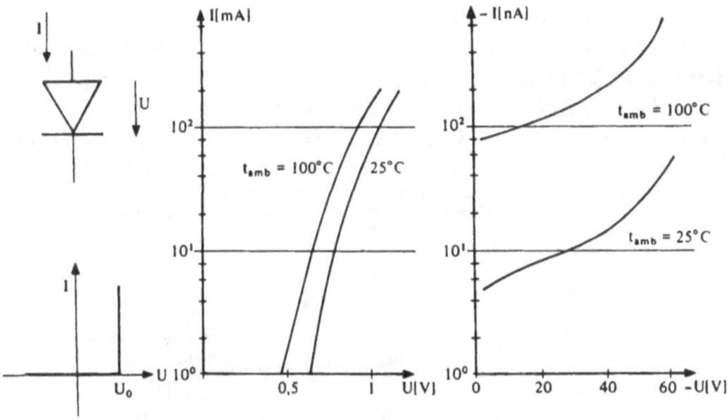

Abb. 3.7: *Links oben:* Symbol einer Diode mit Strom- und Spannungspfeilen – *Links unten:* Ideale Diodenkennlinie. – *Mitte:* Kennlinie der Diode BAY 94 in Durchlaßrichtung – *Rechts:* Kennlinie der Diode BAY 94 in Sperrichtung

Wählt man $U \geqslant 6$ V und die U_{Ei} gemäß Gl. 3.1, so ist

$$U_A = 0 \text{ V}, \quad \text{wenn mindestens ein } U_{Ei} = 0 \text{ V}$$
$$U_A = 6 \text{ V}, \quad \text{wenn } U_{E1} = U_{E2} = U_{E3} = 6 \text{ V}$$

Das ist aber gerade das in Tabelle 2.3 definierte Verhalten.

Ein Diodengatter wie in Abb. 3.6 enthält keine verstärkenden Elemente und kann deshalb am Ausgang nicht stark belastet werden. Um diesem Nachteil zu begegnen, schaltet man häufig hinter das UND-Gatter noch einen Inverter und erhält so ein *NAND*-Gatter.

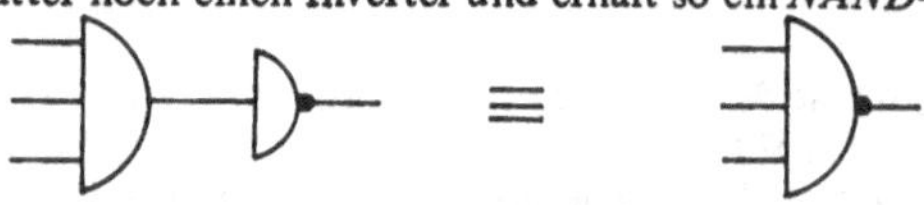

Abb. 3.8: NAND-Gatter als UND-Gatter mit nachfolgendem Inverter

In vielen Fällen wird sofort ein kompletter NAND-Schaltkreis konzipiert, insbesondere bei integrierten Schaltkreisen. Als Beispiel sei hier ein NAND-Gatter in TTL-Technik (Transistor-Transistor-Logik) betrachtet. Grundlage der Schaltung ist ein Transistor Tr. 1 mit 3 Emittern, die den 3 Eingängen entsprechen. Nur wenn an allen 3 Eingängen eine „1" liegt, wird Tr. 1 gesperrt und Tr. 2 geöffnet (Abb. 3.9). Dadurch wird auch Tr. 5 geöffnet und am Ausgang A erscheint eine Null in Form einer Spannung von etwa 0 V. Liegen nicht an allen Eingängen Einsen, so ist der Transistor Tr. 1 geöffnet, über die übrigen Transistoren wird am Ausgang eine Eins erzeugt, dargestellt durch eine Spannung von etwa 3/4 U.

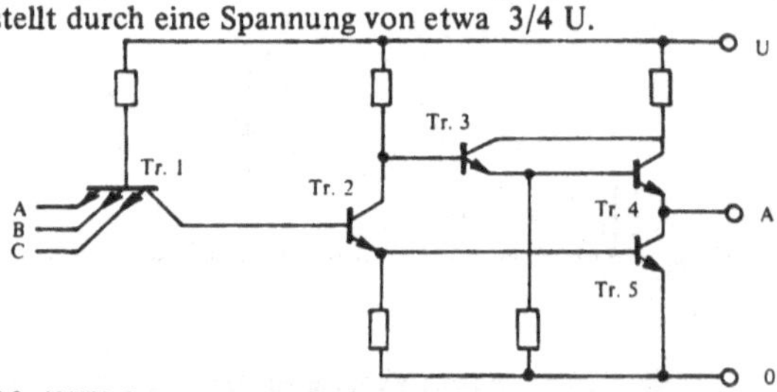

Abb. 3.9: NAND-Gatter mit 3 Eingängen in integrierter TTL-Technik (Siemens FLH 111), [3.5]

Diese Schaltung hat eine mittlere Verzögerungszeit von 15 ns (Herstellerangabe).

3.1.3. ODER-Gatter und NOR-Gatter

Ein Dioden-ODER-Gatter erhält man aus dem UND-Gatter, indem man die Dioden umgekehrt schaltet und die Spannung negativ wählt.

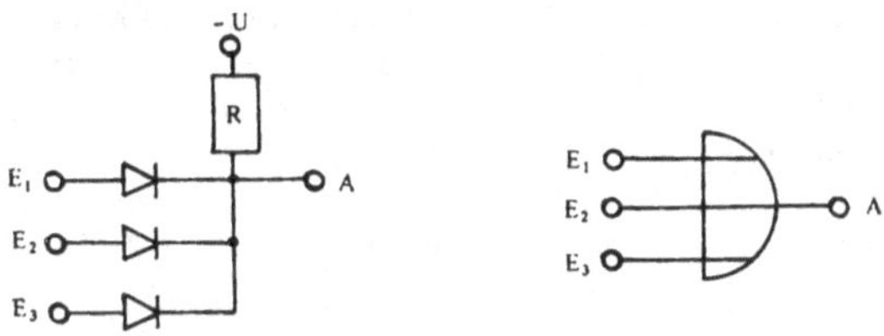

Abb. 3.10: ODER-Gatter aus Dioden,
Symbol eines ODER-Gatters mit 3 Eingängen

Es gilt also

$$U_A = \mathrm{Max}\,(-U, U_{E1}, U_{E2}, \ldots, U_{E6}). \qquad (3.3)$$

Wählt man $-U \leqslant 0$ V und die U_{Ei} gemäß Gl. 3.1, so erscheint am Ausgang nur dann eine „0" ($U_A \approx 0$ V), wenn an allen Eingängen eine „0" ($U_{Ei} = 0$ V) liegt. Legt man an einen oder mehrere Eingänge eine „1" (6 V), so erscheint am Ausgang eine „1" ($U_A \approx 6$ V).

Ein *NOR-Gatter* erhält man sinngemäß durch Negation der Disjunktion (Abb. 3.11).

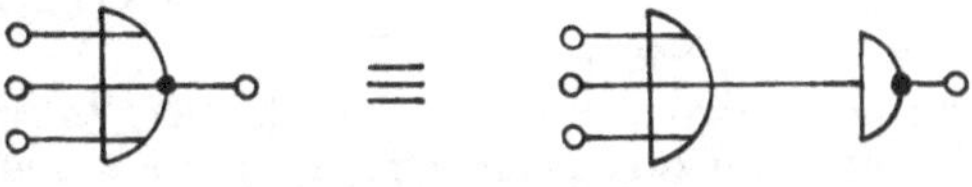

Abb. 3.11: NOR-Gatter als ODER-Gatter mit nachfolgendem Inverter

3.2. Registerspeicher

3.2.1. Flipflops

Ein *Flipflop* ist ein elektronischer Schaltkreis, der zwei stabile Zustände besitzt und der in dem gerade eingenommenen stabilen Zustand solange verharrt, bis er durch einen von außen kommenden Anstoß in den anderen stabilen Zustand umgeschaltet wird. Die früher übliche Bezeichnung ***bistabiler Multivibrator*** ist durch den lautmalenden Namen Flipflop verdrängt worden.

Die Grundschaltung eines Flipflops besteht aus zwei Invertern, die über Kreuz rückgekoppelt sind (Abb. 3.12). Die beiden stabilen Zustände sind $(Q = 1, \bar{Q} = 0)$ und $(Q = 0, \bar{Q} = 1)$. Ist zum Beispiel $\bar{Q} = 1$, dann wirkt diese 1 auf den Eingang des linken Inverters, der die 1 zu einer 0 invertiert, die ihrerseits am Eingang des rechten Inverters liegt und für die Beibehaltung des Zustands $(Q = 0, \bar{Q} = 1)$ sorgt.

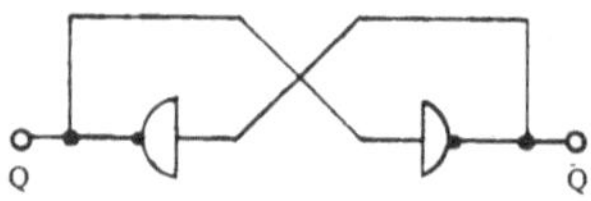

Abb. 3.12: Flipflop-Grundschaltung

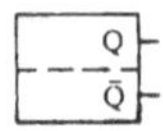

Symbol der Grundschaltung

Die beiden Zustände des Flipflops werden ihrerseits ebenfalls mit 0 und 1 bezeichnet. Und zwar üblicherweise so:

Flipflopzustand 1: $(Q = 1, \bar{Q} = 0)$
Flipflopzustand 0: $(Q = 0, \bar{Q} = 1)$

Auf dieser Grundschaltung basieren mehrere Flipfloptypen, die sich durch Zahl und Art der Eingänge unterscheiden. Diese Flipfloptypen wurden zuerst von ***Phister*** [3.1] angegeben.

Das RS-Flipflop hat seinen Namen von „Rücksetzen" (reset) und „Setzen" (set). Es hat zwei Eingänge, deren logische Wirkung die Wahrheitstafel Tabelle 3.1 wiedergibt. Um die in Abschnitt 3.1.1 bei Abb. 3.5 beschriebenen Definitionsschwierigkeiten zu vermeiden, setzt man eine synchrone Arbeitsweise voraus, die nur zu festen Zeiten $t_0, t_1, t_2, t_3, \ldots$ ein Umschalten erlaubt. Den Zeitabschnitt zwischen t_{n-1} und t_n kennzeichnet man durch hochgestellten Index n, so daß zum Beispiel die Information am Q-Ausgang nach t_{n-1} und vor t_n mit Q^n bezeichnet wird.

R^n	S^n	Q^{n+1}	$\bar{Q}^{n+1}$
0	0	Q^n	$\bar{Q}^n$
0	1	1	0
1	0	0	1
1	1	undefiniert [17]	

Tabelle 3.1: Wahrheitstafel des RS-Flipflops

Um wirksam werden zu können, müssen bei realen Flipflops die Eingangssignale eine gewisse Zeit vor den (technisch durch einen Taktimpuls markierten) Umschaltzeitpunkten t_ν eintreffen. Diese von Schaltungstechnik zu Schaltungstechnik variierenden Größen bleiben hier unberücksichtigt. Es wird vorausgesetzt, daß die zur Zeit t_ν anliegenden Eingangssignale E^ν bereits hinreichend lange anliegen, um die Eingangsvariablen eindeutig zu definieren.

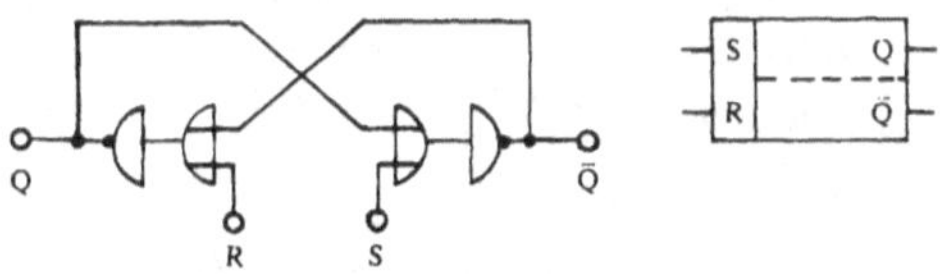

Abb. 3.13: Logisches Blockschaltbild und Symbol des RS-Flipflops

[17] Bei einer Realisierung, die sich an Abb. 3.13 anlehnt, ergibt sich an den Ausgängen $Q = 0$ *und* $\bar{Q} = 0$, solange an R und S eine Eins liegt. Erst danach wird ein undefinierter Zustand eingenommen, der nicht durch die Eingangsgrößen, sondern durch stets vorhandene kleine Unsymmetrien der Schaltung festgelegt ist.

Das W-Flipflop oder T-Flipflop besitzt nur einen Eingang (W- bzw. T von wechseln bzw. triggern). Es ändert seinen Zustand nur, wenn am Eingang eine Eins auftritt.

W^n	Q^{n+1}	$\bar{Q}^{n+1}$
0	Q^n	$\bar{Q}^n$
1	$\bar{Q}^n$	Q^n

Tabelle 3.2: Wahrheitstafel des W-Flipflops

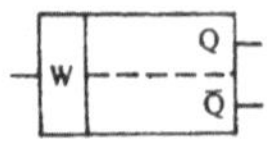

Abb. 3.14: Symbol des W-Flipflops

Das D-Flipflop besitzt ebenfalls nur einen Eingang D (D von delay). Die vor der Taktzeit t_n an D anliegende Information D^n wird so übernommen, daß sie als Q^{n+1} im Intervall t_n, t_{n+1} am Ausgang Q wiedererscheint.

D^n	Q^{n+1}	$\bar{Q}^{n+1}$
0	0	1
1	1	0

Tabelle 3.3: Wahrheitstafel des D-Flipflops

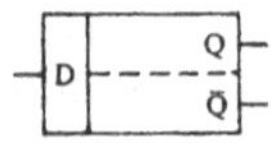

Abb. 3.15: Symbol des D-Flipflops

Das JK-Flipflop hat zwei Informationseingänge J und K. Die Abhängigkeit der Ausgänge Q und $\bar{Q}$ von J und K ähnelt der des RS-Flipflops. Es ist hier jedoch auch die Eingangskombination $J = 1,\ K = 1$ erlaubt, sie bewirkt das Umschalten des Flipflops.

J^n	K^n	Q^{n+1}	$\bar{Q}^{n+1}$
0	0	Q^n	$\bar{Q}^n$
0	1	0	1
1	0	1	0
1	1	$\bar{Q}^n$	Q^n

Tabelle 3.4: Wahrheitstafel des JK-Flipflops

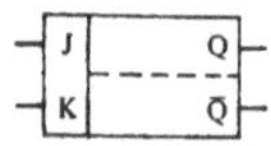

Abb. 3.16: Symbol des JK-Flipflops

Reale Flipflops

Reale Flipflops unterscheiden sich von den eben beschriebenen Flipflops bis auf wenige Ausnahmen[18] dadurch, daß neben den betrachteten Eingängen jeweils noch ein Takteingang existiert und daß je nach der verwendeten Technik eine Reihe von Nebenbedingungen erfüllt sein müssen, zum Beispiel gewisse Anforderungen an die Anstiegszeit und an die Dauer von Signalen, an zeitliche Abstände von Signalen, die den Laufzeiten in den Schaltkreisen Rechnung tragen u. a. m.
Gegenwärtig sind nur noch Halbleiter-Flipflops in integrierter Schaltkreistechnik von Bedeutung. Das Beispiel eines JK-Flipflops in TTL-Technik zeigt die Komplexität der Schaltungen und die Tendenz, alle häufig vorkommenden Funktionen in den Baustein einzubeziehen. Abb. 3.17 zeigt zwei solche zusätzlichen Funktionen bei einem JK-Master-Slave-Flipflop.

1. Ohne zusätzliche UND-Gatter kann man die Signale J und K als Konjunktion aus drei Eingangsgrößen bilden:

$$J = J_1 \wedge J_2 \wedge J_3 \qquad K = K_1 \wedge K_2 \wedge K_3$$

2. Unabhängig von den Eingangsvariablen J und K kann man das Flipflop über den Eingang S nach 1 und über den Lösch-Eingang L nach 0 setzen. T ist der oben erwähnte Takteingang.

Dieses JK-Flipflop hat eine mittlere Leistungsaufnahme von 40 mW und eine mittlere Verzögerungszeit zwischen Eingang und Ausgang von 35 ns.
Weitere Einzelheiten findet man bei *Liedl* et al. [3.5]. Abb. 3.18 zeigt das Verhalten eines realen JK-Flipflops. Insbesondere ist dort zu erkennen, daß die Änderungen der Information an den Ausgängen Q

[18] Bei einigen Rechenmaschinen sind reine RS-Flipflops eingesetzt worden, bei denen sämtliche Eingangsbedingungen, auch die Zeitbedingungen, durch UND-Gatter vor den R- und S-Eingängen zusammengefaßt wurden. Der Takt T ist dort also nicht allen Flipflops direkt über Takteingänge eingeprägt, sondern fungiert als gleichberechtigte Eingangsgröße:
$R = T \wedge E_{r1} \wedge E_{r2} \wedge E_{r3} \wedge \ldots \wedge E_{rl}$
$S = T \wedge E_{s1} \wedge E_{s2} \wedge E_{s3} \wedge \ldots \wedge E_{sm}$.

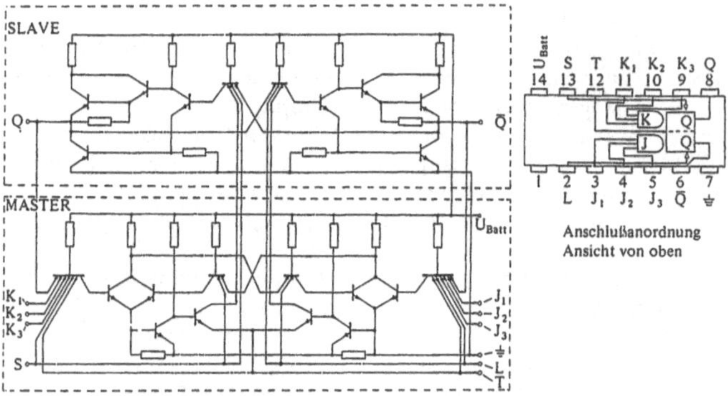

Abb. 3.17: JK-Flipflop in TTL-Technik (Siemens FLJ 111) [3.5],
Links: Schaltbild, Rechts: Anschlußanordnung im „dual-in-line-Gehäuse"

und $\overline{Q}$ mit der abfallenden Flanke des Taktimpulses zusammenfallen. Die abfallende Flanke markiert die oben erwähnten festen Zeitpunkte t_ν, bei denen ein Umschalten *möglich* ist. Man sieht, daß durchaus nicht bei jedem dieser Zeitpunkte ein Umschalten erfolgt.

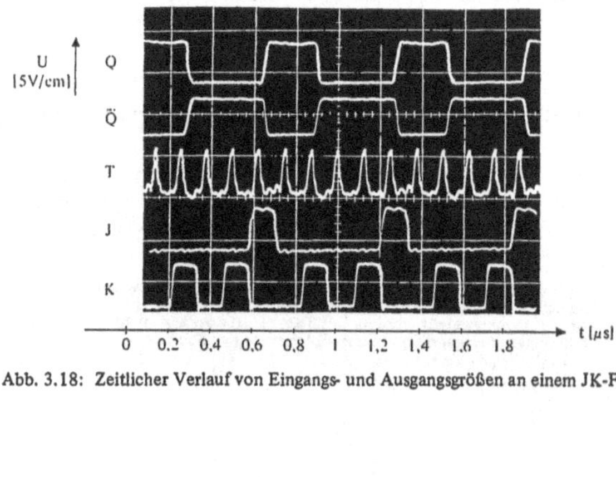

Abb. 3.18: Zeitlicher Verlauf von Eingangs- und Ausgangsgrößen an einem JK-Flipflop

3.2.2. Register und Registeroperationen

Unter einem ***Register*** versteht man eine geordnete Menge von Speicherelementen. Fast immer handelt es sich bei diesen Speicherelementen um Flipflops. Die in einem Register R gespeicherte Information nennt man den ***Inhalt von R***, abgekürzt: $\langle R \rangle$. Der Transport der Information aus einem Register R_1 in ein anderes Register R_2 wird mit dieser Abkürzung so dargestellt:

$$\langle R_1 \rangle \to R_2$$

Im folgenden wird vorausgesetzt, daß drei Register A, B, C mit je N Stellen a_i, b_j, c_k $(i, j, k = 1, 2, \ldots, N)$ zur Verfügung stehen. Die Registerelemente a_i, b_j, c_k seien so angeordnet, daß die Indices von links nach rechts steigen. Alle Registerelemente seien JK-Flipflops. Der J- bzw. K-Eingang des Flipflops a_i wird mit J_{ai} bzw. K_{ai} bezeichnet, der Q- bzw. $\overline{Q}$-Ausgang mit Q_{ai} bzw. $\overline{Q}_{ai}$.

Operationen mit einem Register

Einstellige Funktionen:

Meistens werden in einem einzelnen Register nur einstellige Funktionen realisiert. Die wichtigsten sind hier aufgezählt, wobei der Takt T als logisch irrelevant betrachtet und deshalb weggelassen wird. (Beispiel: $J_{ai} = Q_{ai} \wedge T$ wird als einstellige Funktion $J_{ai} = Q_{ai}$ aufgefaßt.)

Nullfunktion, Löschen:

$0 \to A$ erreicht man durch $J_{ai} = 0$, $K_{ai} = 1$. In handelsüblichen JK-Flipflops ist neben den Eingängen J, K und T noch ein Lösch-Eingang L vorhanden, an dem jedes Löschsignal unabhängig von J und K zum Löschen $(0 \to Q,\ 1 \to \overline{Q})$ des Flipflops führt (Abb. 3.17).

Die *Einsfunktion* $1 \to A$ bildet man durch $J_{ai} = 1$, $K_{ai} = 0$.

Negation, Invertierung: $\overline{\langle a_i \rangle} \to a_i$ erzielt man durch:

$$\begin{matrix} J_{ai} = \overline{Q}_{ai} \\ K_{ai} = Q_{ai} \end{matrix} \quad \text{oder} \quad \begin{matrix} J_{ai} = 1 \\ K_{ai} = 1 \end{matrix}$$

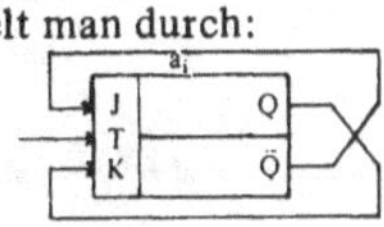

Schift, Schieben: $\langle a_i \rangle \rightarrow a_{i+1}$; $\langle a_i \rangle \rightarrow a_{i-1}$

Beim Schieben wird die in a_i stehende Information nach a_{i-1} (Linksschift) oder a_{i+1} (Rechtsschift) gebracht.[19] Wenn dabei die erste und die letzte Stelle verbunden sind, spricht man von einem *Ringschift*.

$J_{ai} = Q_{a,i\,(\pm)\,1}$ Linksschift

$K_{ai} = \bar{Q}_{a,i\,(\pm)\,1}$ (Rechtsschift)

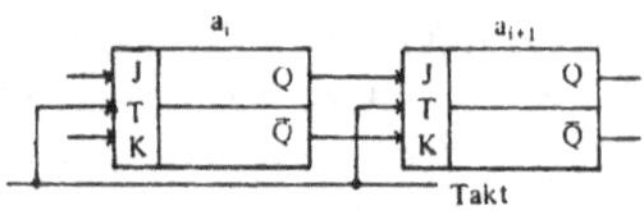

Rechtsschift

$J_{aN} = Q_{a1}$
$K_{aN} = \bar{Q}_{a1}$ Ringschift links

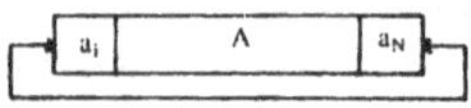

Ringschift

$J_{a1} = Q_{aN}$
$K_{a1} = \bar{Q}_{aN}$ Ringschift rechts

Mehrstellige Funktionen:

Mehrstellige Funktionen erhält man in *einem* Register durch verschiedene Behandlung der N Stellen. Als Beispiel sei hier der Dualzähler genannt.

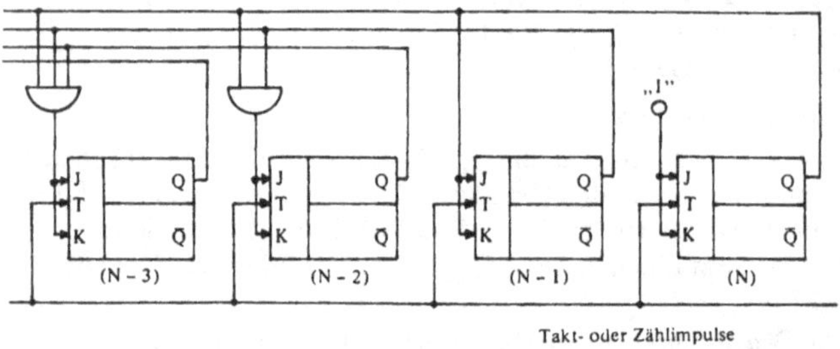

Abb. 3.19: Dualzähler

[19] In vielen Rechnern sind auch Schiebevorgänge über mehrere Stellen möglich.

Unter einem Dualzähler mod 2^N versteht man ein Register, dessen Elemente durch Zuordner so verknüpft sind, daß sich der Registerinhalt beim Eintreffen eines Zählimpulses jeweils um eins erhöht. Tabelle 3.5 gibt das Verhalten eines vierstelligen Dualzählers wieder.

Zählimpulse	a_1	a_2	a_3	a_4
0	0	0	0	0
1	0	0	0	1
2	0	0	1	0
3	0	0	1	1
4	0	1	0	0
5	0	1	0	1
6	0	1	1	0
7	0	1	1	1
8	1	0	0	0
⋮	⋮	⋮	⋮	⋮
15	1	1	1	1
16	0	0	0	0

Tabelle 3.5.: Vierstellige Dualzähler

Die Eingangsfunktion der i-ten Stelle eines Dualzählers lautet:

$$J_{ai} = K_{ai} = Q_{a,i+1} \wedge Q_{a,i+2} \wedge \ldots \wedge Q_{aN}$$

$$J_{aN} = K_{aN} = 1 \qquad (i = 1, 2, 3, \ldots, N-1)$$

Abb. 3.19 zeigt die Realisierung eines solchen Zählers.

Operationen mit zwei Registern

Einstellige Funktionen:

Die häufigsten Realisierungen einstelliger Funktionen sind die *Transporte.* Man unterscheidet Paralleltransporte und Serientransporte. Ein Sonderfall des Transportes ist die Kopie, bei der das Ausgangsregister ungeändert bleibt.

Paralleltransport $\langle A \rangle \to B$

$$J_{bi} = Q_{ai}$$

$$K_{bi} = \bar{Q}_{ai}$$

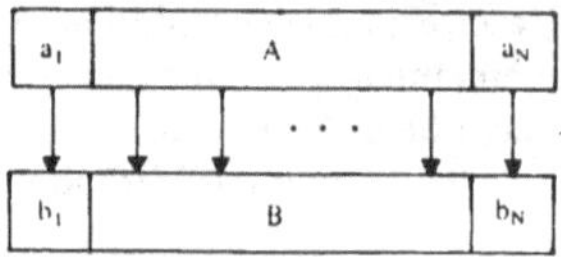

Zur Auslösung des Transportvorganges ist *ein* Taktimpuls nötig.

Serientransport $\langle A \rangle \to B$

Der Serientransport beruht auf Schiebevorgängen. Zusätzlich sind noch Verbindungen zwischen a_N und b_1 erforderlich.

Transport

Kopie

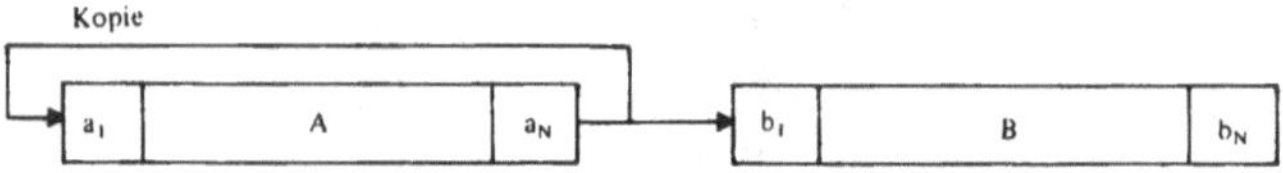

Bei der Kopie muß in A ein Ringschift vorgesehen werden. Zur Durchführung eines Serientransportes sind N Taktimpulse erforderlich.

Zweistellige Funktionen oder Verknüpfungen:

Zweistellige Funktionen mit 2 Registern haben die Gestalt $A \times B \to B$ oder $A \times B \to A$. Auch die zweistelligen Funktionen lassen sich parallel oder seriell realisieren. Eine *Parallelverknüpfung* wird durch Verknüpfungen in jeder Stelle

$$\langle a_i \rangle \times \langle b_i \rangle \to b_i \text{ bzw. } a_i$$

realisiert.

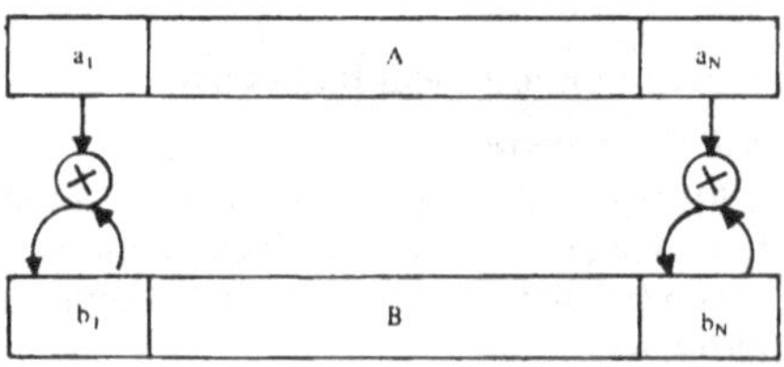

Beispiele:

Union := Stellenweise ODER-Verknüpfung.

$\langle a_i \rangle \vee \langle b_i \rangle \rightarrow b_i$
$J_{bi} = Q_{ai} \vee Q_{bi}$
$K_{bi} = \bar{Q}_{ai} \wedge \bar{Q}_{bi}$

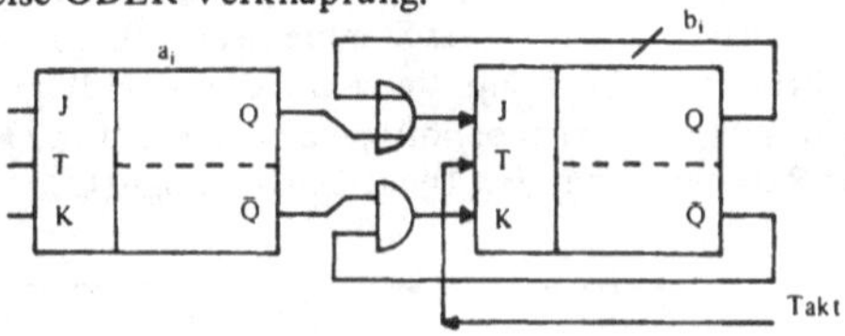

Intersektion := Stellenweise UND-Verknüpfung.

$\langle a_i \rangle \wedge \langle b_i \rangle \rightarrow b_i$
$J_{bi} = Q_{ai} \wedge Q_{bi}$
$K_{bi} = \bar{Q}_{ai} \vee \bar{Q}_{bi}$

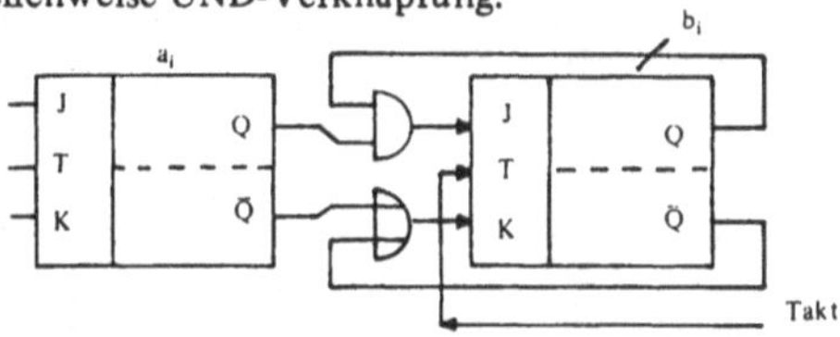

Eine ***Serienverknüpfung*** wird durch Schiebevorgänge innerhalb der Register A, B und durch einen Verknüpfungsvorgang zwischen den letzten Stellen a_N und b_N

$$\langle a_N \rangle \times \langle b_N \rangle \rightarrow b_1 \text{ bzw. } a_1$$

gebildet. Meist ist in A ein Ringschift vorgesehen, so daß sich folgende Struktur ergibt:

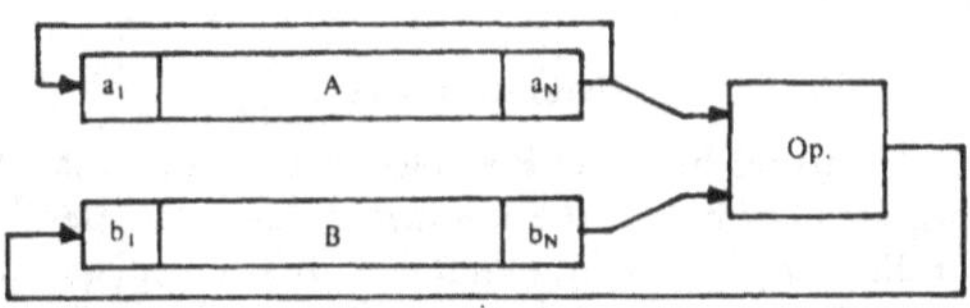

Operationen mit drei und mehr Registern

Mit drei Registern erweitern sich die Möglichkeiten gegenüber den bisher betrachteten. Häufige Fälle sind folgende Verknüpfungen:

$$\langle A \rangle \times \langle B \rangle \rightarrow C$$
$$\langle A \rangle \times \langle B \rangle \times \langle C \rangle \rightarrow A \text{ bzw. } B \text{ bzw. } C$$

Letztere liegt bei Addierwerken vor. Die Paralleladdition wird in Kap. 4 ausführlich behandelt, deshalb wird hier nur die Serienaddition betrachtet. Es sei die Summe ⟨A⟩ + ⟨B⟩ zu bilden und nach B zu bringen. Dabei kommt man mit den zwei Registern A und B nicht mehr aus, man benötigt ein weiteres, wenn auch nur einstelliges Register C für den **Übertrag** (Abb. 3.20).

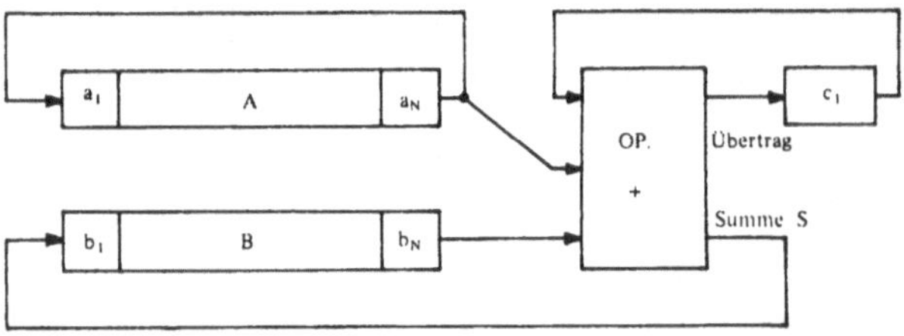

Abb. 3.20: Serienaddierwerk

Der Zuordner OP + hat 3 Eingänge, an denen zur i-ten Taktzeit t_i ($i = 0, 1, 2, 3, \ldots, N-1$) gerade $\langle a_{N-i} \rangle$, $\langle b_{N-i} \rangle$ und der Übertrag von der $(N - i + 1)$-ten Stelle liegen. An den Ausgängen erscheint die Summe S und der Übertrag.

3.3. Arbeitsspeicher

Unter dem Arbeitsspeicher einer Rechenanlage versteht man *den* Speicher, mit dem der Rechnerkern zusammenarbeitet. Der Arbeitsspeicher hat die Aufgabe, *die* Programme und Daten zu speichern, mit denen *aktuell* gearbeitet wird oder zu arbeiten ist, d. h. alle Befehle und Daten, die der Rechnerkern auszuführen bzw. zu verarbeiten hat, müssen zum Zeitpunkt der Ausführung im Arbeitsspeicher stehen. Damit ist die Forderung nach einem schnellen Rechner gleichbedeutend mit der nach einem schnellen Arbeitsspeicher. Es wird nicht nur Schnelligkeit schlechthin verlangt, der Arbeitsspeicher soll zudem zu jeder Speicherzelle gleich schnellen Zugriff gewähren. Man spricht von *wahlfreiem Zugriff* (engl.: *random access*). Diesen Forderungen genügen vor allem der Ferritkernspeicher, der Dünnschichtspeicher[20] und der Drahtschichtspeicher. Hier werden der Ferritkernspeicher behandelt, weil er heute *der* Standard-Arbeitsspeicher ist, und der Drahtschichtspeicher, weil er zukunftsreich ist.

3.3.1. Ferritkernspeicher

Der Ferritkernspeicher geht zurück auf *Forrester* [3.6], der 1951 Matrixspeicher mit Magnetkernen vorschlug, und auf *Papian* [3.7] und *Rajchman* [3.9], die 1952 als Magnetkerne Ferritkerne mit rechteckiger Hystereseschleife empfahlen. Mit ihrer geringen Leitfähigkeit und entsprechend geringen Wirbelströmen haben erst diese Ferritkerne ein Umschalten im Megahertz-Takt ermöglicht.

Die Arbeitsgeschwindigkeit eines Ferritkernspeichers wird durch die *Zykluszeit* angegeben. Unter der Zykluszeit versteht man die Zeit, die benötigt wird, um den Inhalt einer Speicherzelle zu lesen und die beim Lesen zerstörte Information wieder einzuschreiben. Heute sind Zykluszeiten von ca. 5 μs (Massenkernspeicher) bis 0,5 μs (Kernspeicher von Hochleistungsrechnern) üblich.

Der Ferritkern als bistabiles Speicherelement

Ferromagnetische Materialien eignen sich zur Herstellung bistabiler Speicherelemente, weil sie zwei verschiedene Ruhestände, die Remanenzpunkte $\pm B_r$, haben (Abb. 3.21). Den Zuständen kann man

[20] Schneller als Ferritkerne lassen sich dünne weichmagnetische Schichten umschalten (Schaltzeit 10–100 ns). Als Speicherelemente dienen Schichten von etwa 1 mm Durchmesser und 0,1 μm Dicke, die in einer Matrix angeordnet sind. Die kurzen Schaltzeiten der einzelnen Schichten lassen sich bei größeren Dünnschichtspeichern nicht beibehalten, man erreicht nur Zykluszeiten von ca. 0,5 μs. Die Herstellung größerer Matrizen mit lauter fehlerfreien Schichten ist recht schwierig, so daß die Dünnschichtspeicher von den Drahtschichtspeichern verdrängt werden dürften.

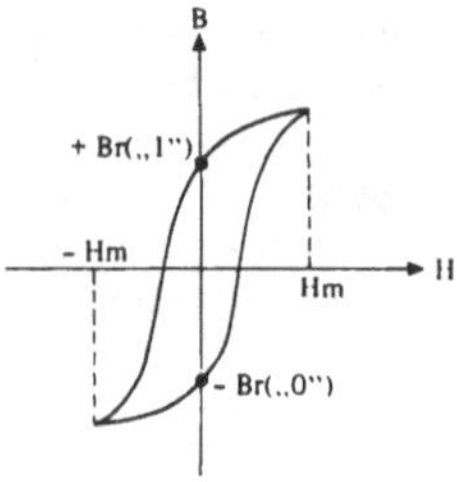

Abb. 3.21: Hystereseschleife

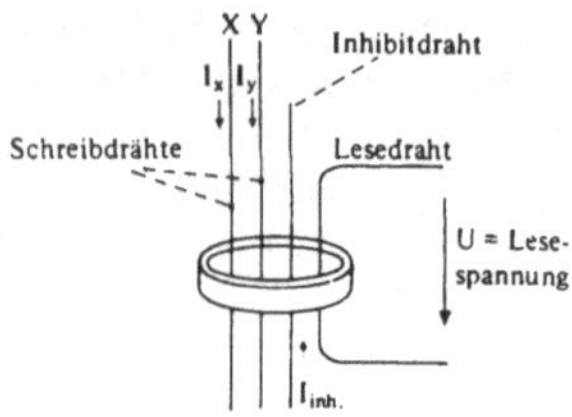

Kern mit Leitungen

die Informationen „1" und „0" zuordnen. Sie werden – im Gegensatz zu den Zuständen eines Flipflops – ohne Energiezufuhr beibehalten *(Strukturspeicher)*.

Für die Anwendung in Speichern wurden spezielle ferrimagnetische Materialien entwickelt, die schnelles Schaltverhalten aufweisen, geringe Wirbelstromverluste haben (spezifischer Widerstand $> 10^5\ \Omega \cdot \text{cm}$ gegenüber $10^{-5}\ \Omega \cdot \text{cm}$ bei Eisen) und die es durch ihre rechteckige Hystereseschleife erlauben, den Speicher nach einem Koinzidenzprinzip zu organisieren.

Das einzelne Speicherelement hat die Form eines Ringes (Abb. 3.21). Die zum Umschalten nötigen Magnetfelder $\pm$ Hm werden durch Ströme erzeugt, die auf durchgefädelten Drähten X und Y fließen. Während beim Flipflop die gespeicherte Information direkt als Spannung abgelesen werden kann, muß der Ferritkern beim Lesen in den Zustand $-B_r$ bzw. „0" geschaltet werden. Die dabei im Lesedraht induzierte Spannung zeigt an, ob eine „1" oder eine „0" gespeichert war. Nach einem Lesevorgang enthält der Kern also stets eine „0", die vorher gespeicherte Information geht verloren. Man spricht von einem *zerstörenden Lesevorgang*. Durch nachträgliches Zurückschreiben macht man die Zerstörung rückgängig.

Rechteckige Hystereseschleife und Koinzidenzprinzip

Die zum Lesen und Schreiben benötigten Ströme werden von Verstärkern, sogenannten *Treiberstufen* oder *Treibern* geliefert. Um die

Zahl der Treiber und damit den Aufwand klein zu halten, ordnet man die Ferritkerne in einem Matrixschema (Abb. 3.22) an und erzeugt die zum Schreiben und Lesen nötigen Magnetfelder $\pm H_m$ durch Koinzidenz zweier Felder $\pm \frac{1}{2} H_m$, die von zwei Teilströmen I_x und I_y herrühren.

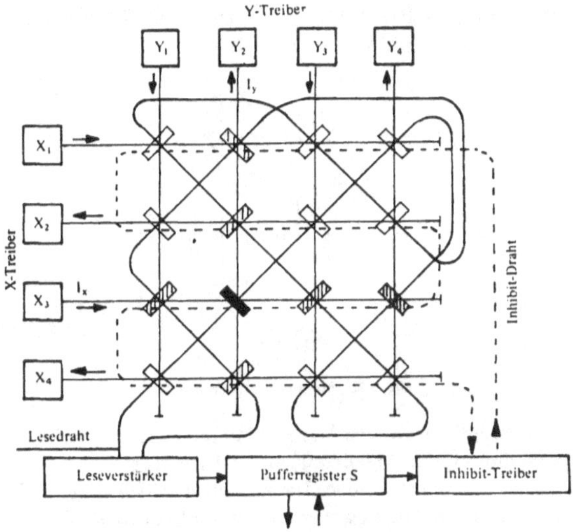

Abb. 3.22: Matrix-Speicherebene, ausgewählt ist Kern K_{32}

Ein solcher Koinzidenzbetrieb ist aber nur möglich, wenn magnetische Materialien zur Verfügung stehen, deren Hystereseschleife so stark rechteckig ist, daß die Felder $\pm H_m$ zum Umschalten ausreichen, die halben Felder $\pm \frac{1}{2} H_m$ jedoch nicht (Abb. 3.23). In den Ferriten der Zusammensetzung $MnO - MgO - Fe_2O_3$ hat *E. Albers-Schoenberg* 1952 ein geeignetes Material gefunden.

Bisher wurde stillschweigend angenommen, daß es *einen* Lesevorgang (Erzeugung von $-H_m$) und *zwei* Schreibvorgänge (Erzeugung von $\pm H_m$) gibt. In Wirklichkeit wird jedoch so verfahren, daß man stets einen ganzen Zyklus, bestehend aus einem Lesevorgang ($-H_m$) und einem Schreibvorgang ($+H_m$) ablaufen läßt. Das Lesen besorgt gleichzeitig das Schreiben einer „0". Es genügt also, anschließend das Schreiben einer „1" vorzusehen ($+H_m$) und – falls eine „0" geschrieben werden soll – das Einschreiben dieser „1" durch einen Gegenstrom auf der Inhibitleitung zu verhindern.

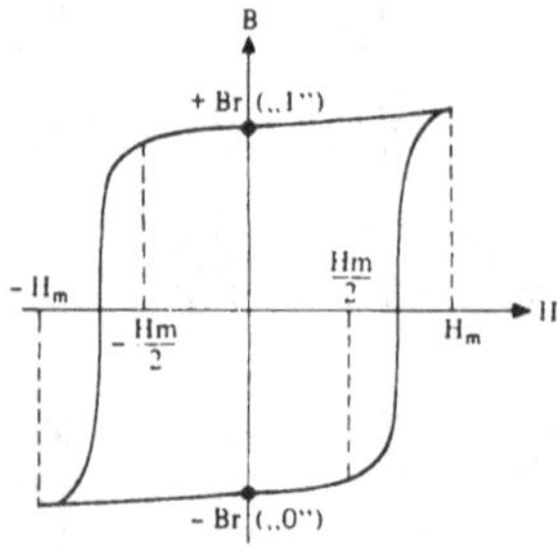

Abb. 3.23: Rechteckige Hystereseschleife

Abb. 3.24 zeigt den vollständigen Ablauf eines Kernspeicherzyklus. Zunächst gibt es eine Anlaufzeit, in der die vorgesehenen X- und Y-Leitungen ausgewählt werden. Daran schließen sich Lese- und Schreibvorgang an. Die Lesespannung nimmt zunächst für „0" *und* „1" ein kleines Vormaximum und später – falls eine „1" gespeichert war – zur Zeit t_p das Hauptmaximum an.

In größeren Matrizen entstehen durch die Halbstromimpulse beträchtliche Störspannungen in der Leseleitung. Da deren Maximum aber etwa die Lage des Vormaximums hat und da diese Störungen zur Zeit t_p schon weitgehend abgeklungen sind, ist zur Zeit t_p eine Abfrage nach „0" oder „1" möglich. Die Fixierung des günstigsten Abfragezeitpunktes übernimmt der Abtastimpuls (engl.: sensepulse) U_s.

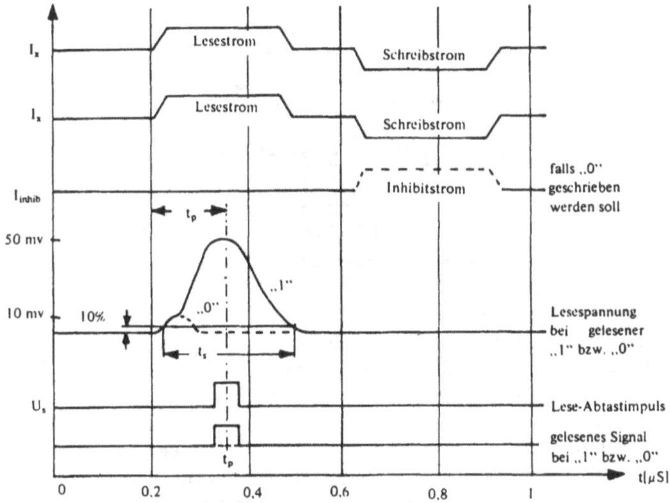

Abb. 3.24: Lese-Schreibzyklus eines Kernes mit 1 μs Zykluszeit

Die Organisation eines Kernspeichers

Ein Kernspeicher besteht aus N Speicherebenen, dem Speicherblock und einer Ansteuerelektronik. Dabei ist N die in dem betreffenden Rechenautomaten verwendete Wortlänge. Als Speicherplatz für ein Informationswort verwendet man *Speicherzellen* Z_{ij}. Diese bestehen aus den Kernen K_{ij} in übereinanderliegenden Speicherebenen (Abb. 3.25). Zur Auswahl der gewünschten Zelle sind zwei Verfahren üblich, die *innere* und die *äußere Zellenauswahl*. Bei der inneren Zellenauswahl durchzieht jede X- und jede Y-Leitung alle N Ebenen, in jeder Ebene wird durch Stromkoinzidenz ein Kern ausgewählt. Bei der äußeren Zellenauswahl liegt über den Speicherebenen eine Wählebene (Abb. 3.26), in der eine Speicherzelle ausgewählt wird.

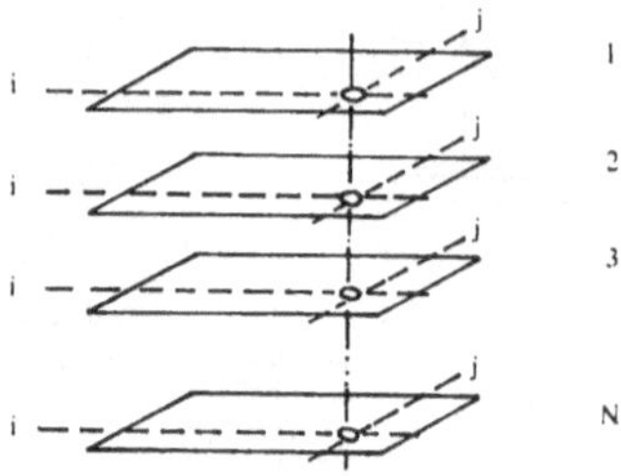

Abb. 3.25: Die Speicherzelle Z_{ij}

Die Ansteuer- und Auswahlelektronik bestehen aus einem Adreßteil (zur Definition und Bedeutung der Adresse siehe Kap. 4) und einem Informationsteil (Abb. 3.27). Speicherwahl- oder Adreßregister W, Entschlüsselungsschaltung und Treiber bilden den Adreßteil, der dafür sorgt, daß die im Adreßregister angegebene Speicherzelle ausgewählt und mit Lese- und Schreibströmen versorgt wird. Der gesamte Adreßteil ist in zwei Teile aufgespalten, von denen einer die Zeilen und der andere die Spalten der Matrixebenen ansteuert.

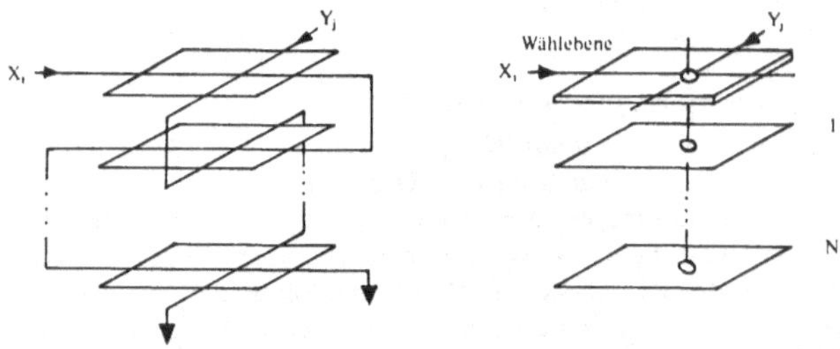

Abb. 3.26: Innere und äußere Zellenauswahl

Der Informationsteil enthält für jede Ebene einen Leseverstärker, eine Speicher- oder Pufferregisterstelle und einen Inhibit-Treiber. Bei einem Lesevorgang wird die gelesene Information vom Leseverstärker in das Speicherregister S gebracht. Das Speicherregister gibt sie dann sowohl an das Rechen- oder Leitwerk als auch an die Inhibit-Treiber zum Wiedereinschreiben (Abb. 3.22). Bei einem Schreibvorgang wird die Verbindung Leseverstärker–Speicherregister gesperrt. Die Information geht vom Rechenwerk zum Speicherregister und von da aus weiter an die Inhibit-Treiber (Abb. 3.27).

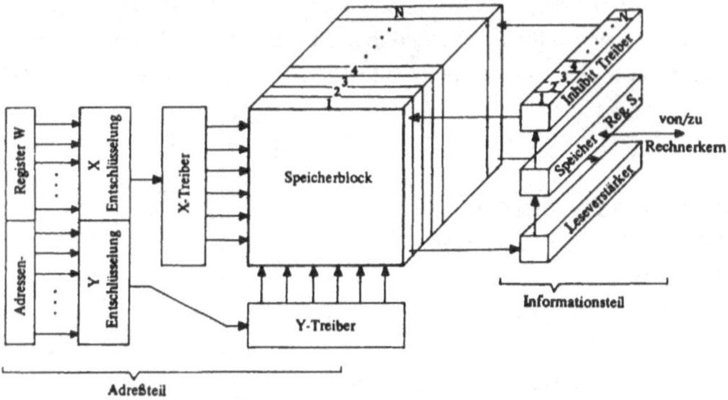

Abb. 3.27: Kernspeicher mit Ansteuerung

Neben Kernspeichern mit Koinzidenzprinzip und dreidimensionaler Anordnung *(3D-Speicher)*, wie sie oben beschrieben worden sind, existieren noch anders angeordnete Matrix-Kernspeicher. Besonders einfach und schnell arbeitend ist der ***wortorganisierte Speicher***, der aus einer zweidimensionalen Matrix besteht *(2D-Speicher)*.

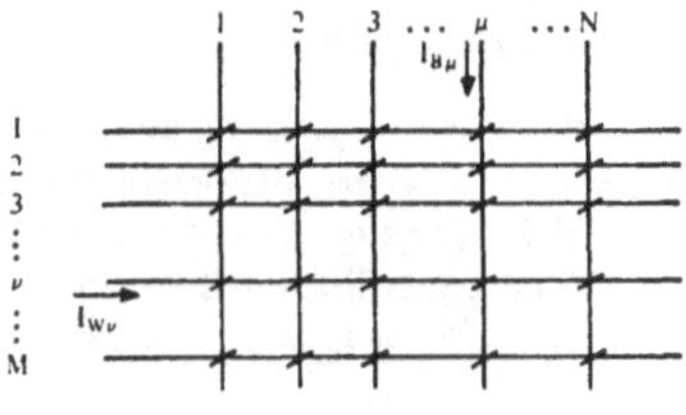

Abb. 3.28: Wortorganisierter Speicher

Er enthält M Wörter à N Bit. Da der Wortstrom $I_{W\nu}$ nur auf die Kerne des ν-ten Wortes einwirkt, braucht nur beim Schreiben eine Koinzidenz von Bitstrom I_B und Wortstrom I_W erzeugt zu werden, zum Lesen genügt ein Wortstrom. Mit einigen Kunstgriffen (z. B. zwei Kerne pro Bit, partielles Schalten) erreicht man Zykluszeiten von 0,1 μs.

Eine Zwischenstellung zwischen dem 2D-Speicher und dem 3D-Speicher nimmt der sogenannte $2\frac{1}{2}$D-Speicher ein (Tabelle 3.6).

	3D	$2\frac{1}{2}$D	2D
Zahl der Drähte pro Kern	3–4	2–3	2–3
Zahl der Stromkoinzidenzen beim Lesen	2	2	1
Zahl der Stromkoinzidenzen beim Schreiben	3	2	2

Tabelle 3.6: Vergleich von 3D-, $2\frac{1}{2}$D- und 2D-Speichern

Der $2\frac{1}{2}$D-Speicher hat die Struktur eines 2D-Speichers mit sehr langen, in Gruppen unterteilten Wörtern. Er ist speziell für Kernspeicher mit sehr großer Kapazität geeignet, weil er weniger Fädelungskosten als der 3D-Speicher und weniger Elektronik als der 2D-Speicher erfordert.

3.3.2. Drahtschichtspeicher

Der ***Drahtschichtspeicher*** (engl.: plated-wire-memory), auch ***Magnetdrahtspeicher*** genannt, ist eine erst wenige Jahre alte Weiterentwicklung des Dünnschichtspeichers [3.10]. Dünne magnetische Schichten, die in einem zirkularen Magnetfeld auf einen Kupfer-Beryllium-Draht von etwa $\frac{1}{10}$ mm Durchmesser aufgebracht sind, bilden die

Speicherelemente. Das während der Elektroplattierung anliegende Magnetfeld erzeugt in der Schicht eine magnetische Anisotropie, die bewirkt, daß der Magnetisierungsvektor $\mathfrak{M}$ ohne äußeres Magnetfeld auf einer Umfangslinie liegt, die man die ***leichte Richtung*** der Magnetisierung nennt (Abb. 3.29).

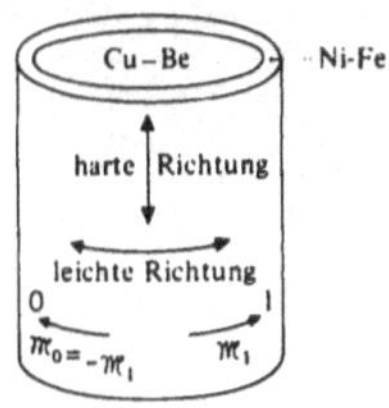

Abb. 3.29: Drahtschichtspeicher: Stabile Zustände; harte und leichte Richtung

Es ergeben sich für $\mathfrak{M}$ zwei stabile Ruhestände $\mathfrak{M}_1$ und $\mathfrak{M}_2$, denen man die Eins und die Null zuordnet. Zum Schreiben benutzt man die Koinzidenz eines Bit- und eines Wortmagnetfeldes, die gemäß Abb. 3.30 durch einen Bit- und einen Wortstrom erzeugt werden. Der Wortstrom I_W wird zuerst angelegt und dreht den Magnetisierungsvektor nahezu in die harte Richtung. Ein nachfolgender Bitstrom I_b bewirkt mit I_W zusammen das Umklappen in die durch I_b festgelegte Ruhelage (Abb. 3.31).

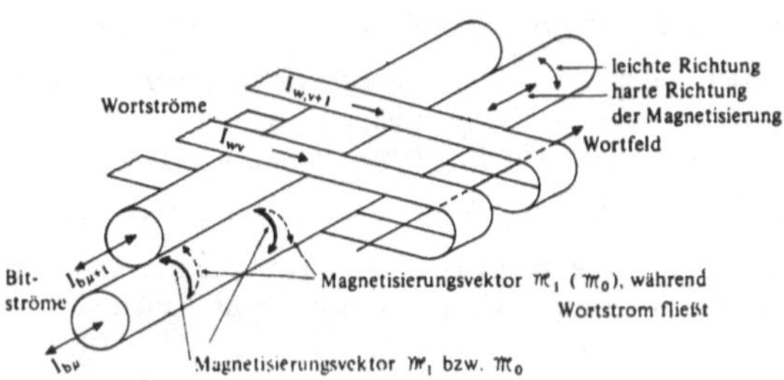

Abb. 3.30: Ausschnitt aus einer Drahtschichtspeichermatrix

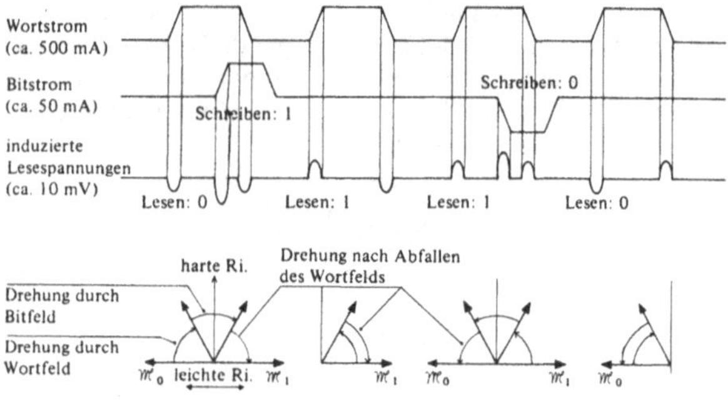

Abb. 3.31: Schreiben und Lesen von 1 und 0. Von oben nach unten: gleichartige Wortströme zum Lesen und Schreiben; Bitströme verschiedener Polarität nur beim Schreiben; induzierte Lesespannungen; Drehung des Magnetisierungsvektors beim Lesen und Schreiben

Das Lesen erfolgt zerstörungsfrei[21] durch das Anlegen eines Wortstromes, der den Magnetisierungsvektor in Abhängigkeit von dem vorliegenden stabilen Zustand nach rechts oder links dreht, was eine positive oder negative Lesespannung induziert.

Die Speicherorganisation: Der Drahtschichtspeicher kann entweder als reiner wortorganisierter Speicher oder als $2\frac{1}{2}$D-Speicher konzipiert werden. Im ersten Fall kann der Wortstrom, der nur ein Wort beeinflußt, sehr groß gewählt werden und man erreicht bei einer Speicherkapazität von 10^5 Bit Zykluszeiten von 0,08 μs. Bei $2\frac{1}{2}$D-Speichern überdeckt jede Wortleitung mehrere Wörter, von denen jeweils nur eines ausgewählt wird. Bei Speicherkapazitäten von etwa 10^6 Bit sind Zykluszeiten von 0,5 μs erzielt worden.

[21] Es gibt Konzeptionen, die Drahtschichtspeicher mit zerstörendem Lesen vorsehen.

Die beiden hervorragenden Vorteile des Drahtschichtspeichers sind das ***zerstörungsfreie Lesen*** und die ***geringe Leistungsaufnahme***. Wegen der günstigen Geometrie sind Bitströme von nur 30–50 mA erforderlich. Die Wortströme liegen mit 500–900 mA in der Größenordnung der Treibströme des Ferritkernspeichers.

3.4. Hintergrundspeicher

Neben den Programmen und Daten, die aktuell bearbeitet werden, und die im Arbeitsspeicher stehen, müssen noch andere Programme (z. B. die Programme, die als nächste zur Ausführung gelangen sollen) und weitere Daten „im Hintergrund" auf Abruf bereitstehen. Muß die Information relativ schnell (10–250 ms) und mit quasiwahlfreiem Zugriff[22] zugänglich sein, so benutzt man als Hintergrundspeicher Trommel-, Platten- und Magnetkartenspeicher. Wenn es nicht auf schnellen Zugriff ankommt, kann ein Magnetbandspeicher verwandt werden, bei dem das Aufsuchen der Daten sequentiell und deshalb langsamer erfolgt. In vielen Fällen werden beide Typen nebeneinander eingesetzt.

3.4.1. Speicherprinzipien bei magnetomotorischen Speichern

Der Schreib-Lesekopf

Bei den magnetomotorischen Speichern bildet eine magnetisierbare Schicht (NiCo; Eisenoxyd), die gegenüber einem Schreib- und Lesekopf bewegt wird, das Speichermedium. Die Induktionsänderungen, die die Lesespannungen induzieren, werden nicht durch Magnetisie-

[22] Bei wahlfreiem Zugriff (random access) ist die Zugriffszeit für jede Speicherzelle gleich groß. Bei magnetomotorischen Speichern hängt die Zugriffszeit von der Lage der Information auf dem Speichermedium ab. Jedoch erscheint der Zugriff zu Daten auf einem Trommelspeicher, der höchstens so lange dauert wie eine volle Umdrehung (etwa 10 ms) im Vergleich zu dem sequentiellen, bis zu einer Minute dauernden Zugriff zu der Information auf Magnetbändern als nahezu wahlfrei. Man spricht von *quasi-wahlfreiem Zugriff.*

rungsumkehr, sondern durch die Relativbewegung Lesekopf-Schicht erzeugt. Infolgedessen handelt es sich hier um *zerstörungsfreies Lesen.*

Schreib- und Lesekopf bilden üblicherweise eine Einheit (Abb. 3.32 links).

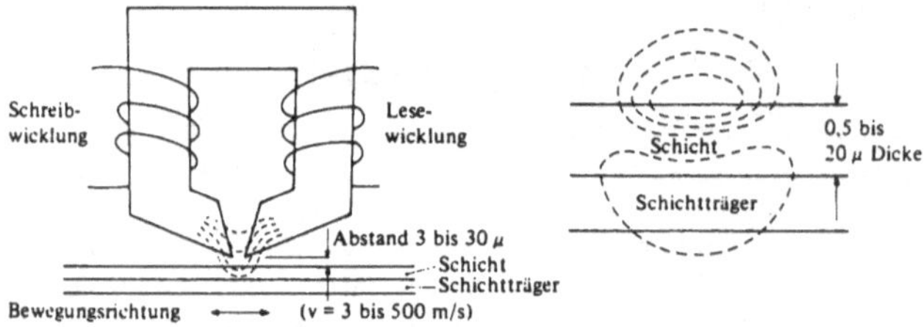

Abb. 3.32: Schreib-Lesekopf; Feldverlauf in der Schicht

Beim Schreiben wird ein Magnetfeld erzeugt, das die Schicht gegenüber dem Kopfspalt sättigt. Übliche Abmessungen sind: Schichtdicke 0,5 μ (NiCo) – 20 μ (Eisenoxyd), Kopfabstand 3 μ–30 μ, Relativgeschwindigkeit 3–500 m/s. Durch das Schreiben wird ein magnetischer Dipol erzeugt. Den Feldverlauf zeigt Abb. 3.32 rechts.

Zum Lesen werden die Schicht und mit ihr die Dipole am Lesekopf vorbeibewegt. Dabei entstehen Lesesignale $U = -\frac{d\Phi}{dt}$. Je nach der Richtung der Magnetisierung dieser Dipole entsteht im Lesekopf ein positiver oder negativer magnetischer Fluß Φ (Abb. 3.33 oben).

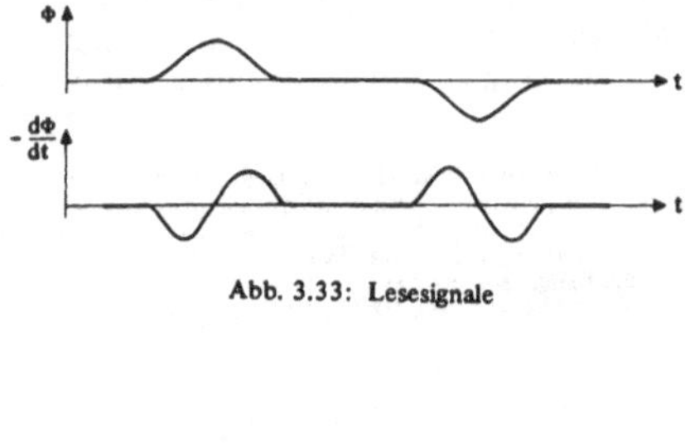

Abb. 3.33: Lesesignale

Entsprechend beginnt die aus zwei Halbwellen bestehende Lesespannung mit einer positiven oder einer negativen Spannungshalbwelle (Abb. 3.33 unten).

Schreibverfahren

Da beide Magnetisierungsrichtungen beim Lesen jeweils eine positive und eine negative Spannungshalbwelle als Lesesignal ergeben, ist die Unterscheidung der der „0" und der „1" zugeordneten Lesespannungen schwierig.
Es sind eine ganze Reihe von Verfahren zur Darstellung von „0" und „1" entwickelt worden. Exemplarisch werden hier zwei dieser Verfahren betrachtet, weitere findet man bei *F. Rausch* [3.3].

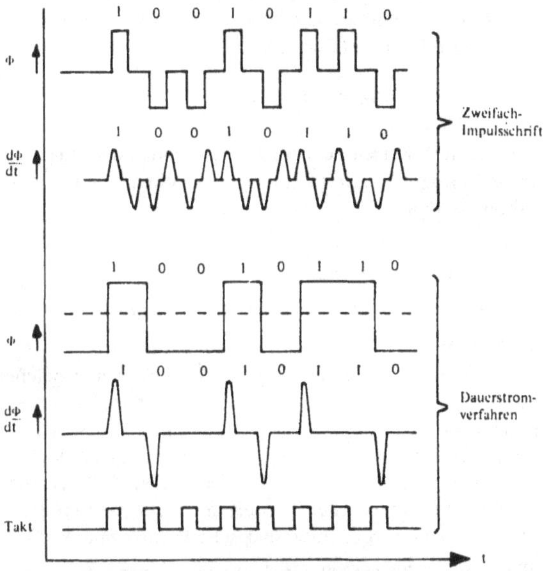

Abb. 3.34: Zweifach-Impulsschrift und Dauerstromverfahren

Die *Zweifach-Impulsschrift* schreibt eine „1" (bzw. „0") durch einen positiven (negativen) Schreibimpuls. Der „1" und „0" werden die beiden Magnetisierungsrichtungen zugeordnet. Nach jedem geschriebenen Zeichen geht die Magnetisierung auf Null zurück. (*Rückkehr-nach-Null-Verfahren* oder return to zero, RZ).

Vorteil: Auch ohne Takt tritt jedes Binärzeichen als Ausgangsspannung in Erscheinung.

Nachteil: Die Lesesignale sind kleiner als bei Verfahren, bei denen nur die beiden Sättigungszustände eingenommen werden.

Beim *Dauerstromverfahren*, auch *Richtungsschrift* genannt, kommen nur die beiden Sättigungszustände vor. Sie werden der „0" und der „1" zugeordnet. Zwei aufeinanderfolgende Einsen oder Nullen bilden eine durchgehende Linie, es wird nicht nach Null zurückgegangen (nonreturn to zero, NRZ) (Abb. 3.34).

Vorteile: Größere Lesesignale, Eins- und Nullsignale unterscheiden sich in der Polarität.

Nachteile: Mehrere Einsen oder Nullen hintereinander ergeben jeweils nur ein Lesesignal; damit keine ·Binärzeichen verloren gehen, muß getaktet werden.

3.4.2. Speicher mit quasi-wahlfreiem Zugriff

Trommelspeicher

Die magnetisierbare Schicht befindet sich beim Trommelspeicher auf der Mantelfläche eines drehbaren Kreiszylinders, der „Trommel". Die Schreib-Lese-Köpfe stehen fest, jeder Kopf markiert eine *Spur*. Aus organisatorischen Gründen werden die Spuren meist noch in Segmente oder Sektoren unterteilt. Die Daten- und Befehlswörter können auf den Spuren parallel (je 1 Bit in N übereinanderliegenden Spuren), seriell (N Bit hintereinander auf einer Spur) oder serienparallel (auf p Spuren jeweils $\frac{N}{p}$ Bit) angeordnet werden.

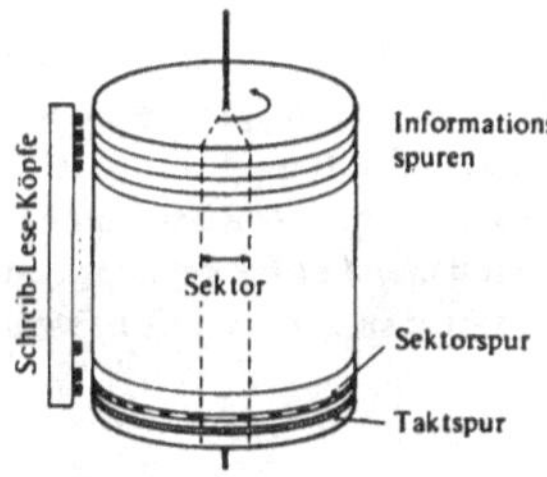

Abb. 3.35: Trommelspeicher

In welchen Grenzen die Daten von heute üblichen Trommelspeichern liegen, zeigt die folgende Liste:

Trommeldrehzahl n:	25–300 U/s (in Grenzfällen bis 1000 U/s)
Mittlere Zugriffszeit $(\frac{1}{2} \cdot \frac{1}{n})$:	1– 20 ms
Lese-Schreibgeschwindigkeit:	1– 2 Mio Zeichen/s
Zahl der Spuren:	40–800
Bitdichte:	4– 40 Bit/mm[23]
Speicherkapazität:	10^5–10^7 Bit
Kosten pro Bit:	0,5– 4 Pfennige

Zur Markierung der Speicherplätze dienen je eine feste Takt- und Sektorspur. Das Aufsuchen der Speicherplätze erfolgt mit einer Koinzidenzschaltung, die angibt, wann die angegebene Adresse mit dem Inhalt des Taktspur- und Sektorzählers übereinstimmt.

Plattenspeicher

Plattenspeicher tragen die magnetisierbare Schicht auf Plattenoberflächen (Abb. 3.36). Ihr Hauptvorteil gegenüber Trommelspeichern

[23] Eine Bitdichte von 40 Bit/mm läßt sich nur mit „fliegenden" Schreib-Leseköpfen erzielen. Der Kopf ist so geformt, daß ein Luftpolster entsteht, auf dem der Kopf gleiten kann.

liegt in der besseren Raumausnutzung. Ihre Speicherkapazität ist proportional zum Volumen, die der Trommelspeicher proportional zur Oberfläche. Die Schreib-Lese-Köpfe sind i. a. beweglich, so daß für jede Plattenoberfläche nur ein Kopf nötig ist. Plattenspeicher sind etwas langsamer als Trommelspeicher, haben jedoch größere Kapazität. Manche Plattenspeicher haben auswechselbare Plattenstapel. Einige Daten von Plattenspeichern mit beweglichen Köpfen sind hier angegeben:

Plattendurchmesser:	35–120 cm
Drehzahl:	25– 60 U/s
Mittlere Zugriffszeit[24]:	120–180 ms
Lese-Schreibgeschwindigkeit:	0,02– 0,1 Mio Zeichen/s
Spuren je Plattenoberfläche:	200–750
Bitdichte:	bis 80 Bit/mm
Speicherkapazität[25]:	10^7–10^9 Bit
Kosten pro Bit:	0,1– 0,3 Pfennige

Plattenspeicher mit festen Köpfen haben bis auf die größere Speicherkapazität etwa dieselben technischen Daten wie Magnettrommelspeicher.

Die Daten auf Plattenspeichern sind i. a. so organisiert, daß die beweglichen Köpfe jeweils übereinanderliegende Spuren erfassen. Man spricht von einem „Zylinder". Da die Spuren nach innen kürzer werden und die Bitdichte nicht beliebig gesteigert werden kann, werden einige Zonen mit jeweils konstanter Bitanzahl pro Spur eingerichtet. Die Zahl der Bits auf den Spuren der innersten Zone ist etwa um den Faktor 3 kleiner als auf den Spuren der äußersten Zone.

[24] Die mittlere Zugriffszeit setzt sich zusammen aus mittlerer Kopf-Positionierungszeit (≈ 120 ms) und mittlerer Rotationsverzögerung (≈ 25 ms).

[25] Kapazität des ganzen Plattenspeichers. Eine einzelne Platte hat eine Speicherkapazität von höchstens $5 \cdot 10^7$ Bit.

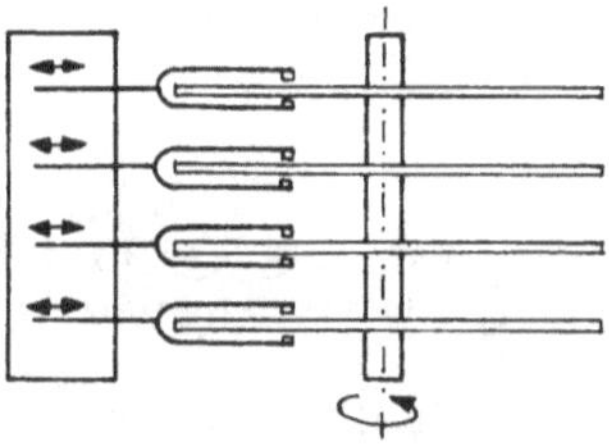

Abb. 3.36: Plattenspeicher

Magnetkartenspeicher

Noch bessere Raumausnutzung als der Plattenspeicher bietet der Magnetkartenspeicher.

Die Information wird auf Karten gespeichert, von denen 200 bis 4000 in einer Kassette untergebracht sind. Zu den Karten in einer Kassette besteht wahlfreier Zugriff, sie werden zum Lesen und Schreiben auf eine rotierende Trommel aufgespannt. Es gibt verschiedene Arten von Magnetkartenspeichern, hier sollen deren Eigenschaften am Beispiel des Magnetkartenspeichers CRAM[26] von NCR dargestellt werden.

Speichermedium sind 7 magnetisierbare Streifen mit je 8 Spuren auf einer Karte von 8 cm Breite und 35 cm Länge. 256 Karten hängen in einer Aufhängevorrichtung, in der Haltestäbe alle Karten bzw. Selektionsstäbe alle Karten bis auf eine ausgewählte festhalten. Die 256 Karten tragen an der Schmalseite binär codierte Randlöcher, in die die Selektionsstäbe eingreifen.

Ein Lese- oder Schreibvorgang beginnt mit der Drehung der Selektionsstäbe in die Stellung, die gerade die gewünschte Karte freigibt. Sobald die Haltestäbe weggezogen sind, fällt diese Karte – von einem Luftstrom begünstigt – nach unten, wo sie an eine rotierende

[26] Card Random Access Memory.

Trommeloberfläche angesaugt wird. Nach dem Lesen oder Schreiben wird an einer Kartenweiche entschieden, ob die Karte zurück in die Kassette soll (Abb. 3.37).

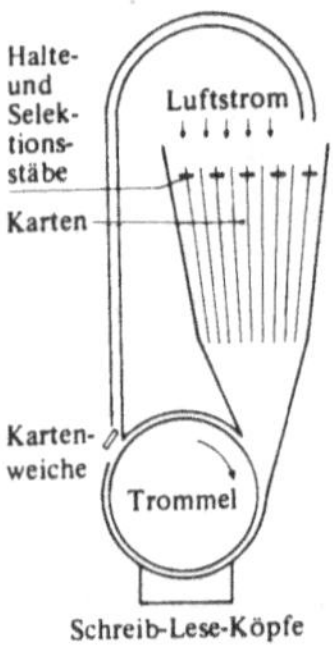

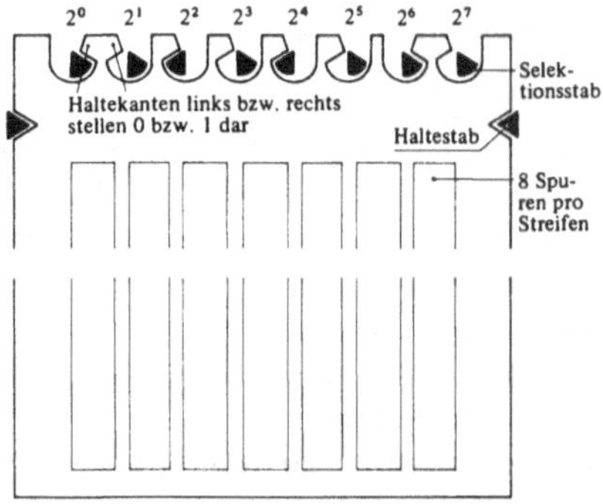

Abb. 3.37: Magnetkartenspeicher NCR Magnetkarte

Es sei noch darauf hingewiesen, daß der Auswahlmechanismus *assoziativen* Charakter hat. Die Kennzeichnung der gesuchten Karte, nicht die Lage der Karte in der Kassette (Adresse), führt zu deren Auswahl. Dementsprechend können von der Trommel zurücklaufende Karten in der Kassette an einer beliebigen Stelle eingeordnet werden.

Die Charakteristika von Magnetkartenspeichern sind:

Drehzahl der Trommel:	ca. 20 U/s
mittlere Zugriffszeit zu einer Karte:	200–500 ms
Lese-Schreibgeschwindigkeit:	0,04–0,15 Mio Zeichen/s
Spuren je Karte:	50–100
Bitdichte:	ca. 10 Bit/mm
Speicherkapazität:	10^8–$5 \cdot 10^9$ Bit
Kosten pro Bit:	0,02– 0,2 Pfennige

3.4.3. Magnetbandspeicher

Zur Speicherung sehr großer, nicht laufend benötigter Datenmengen verwendet man Magnetbandgeräte. Datenträger sind auswechselbare Spulen, die bis zu 1000 m Magnetband von $\frac{1}{2}$ Zoll Breite tragen.

Wegen der hohen Lese-Schreibgeschwindigkeit und der niedrigen Kosten pro Bit sind Magnetbandspeicher heute in jedem Rechenzentrum anzutreffen. Das geringe Volumen und die große Speicherkapazität von Magnetbändern ermöglichen eine raumsparende Unterbringung von Daten-Archiven.

Während Magnettrommel und Magnetplatte dauernd in Bewegung sind, arbeitet ein Magnetbandgerät im Start-Stop-Betrieb. Da aber bei dem Schreib- und Lesevorgang eine merkliche Relativgeschwindigkeit zwischen Magnetband und Schreib-Leseköpfen nötig ist, schreibt oder liest man nach jedem Anlaufen des Bandes nicht nur inkremental Zeichen für Zeichen, sondern jeweils ganze *Blöcke*, die 100 bis 100 000 Zeichen umfassen. Zwischen den Blöcken befinden sich Blocklücken von etwa 2 cm Länge. Sie sind beim Anlaufen und Bremsen der Bänder nötig. Auf den $\frac{1}{2}$ Zoll breiten Magnetbändern werden je nach dem Typ des verwendeten Magnetbandgerätes 7, 8 oder 9 Spuren aufgezeichnet. Die Bitdichte auf den Spuren ist festgelegt auf 200, 556 oder 800 Bit/Zoll (7,9 oder 21,9 oder 31,5 Bit/mm).

Zum Vergleich mit den übrigen Hintergrundspeichern seien auch hier einige Daten genannt:

Bandgeschwindigkeit:	2– 5 m/s
Umspulzeit:	1– 2 Minuten
Lese-Schreibgeschwindigkeit:	0,01– 0,2 Mio Zeichen/s
Speicherkapazität eines etwa 750 m langen Magnetbandes:	$10^8 - 10^9$ Bit

Die Kosten pro Bit hängen wesentlich von der Zahl der mit einem Magnetbandgerät verwendeten Bandspulen ab. Für die reine Bandspule liegen sie bei 10^{-5} bis 10^{-4} Pfennigen, für ein Magnetbandgerät mit *einer* Spule bei etwa 0,02 Pfennigen.

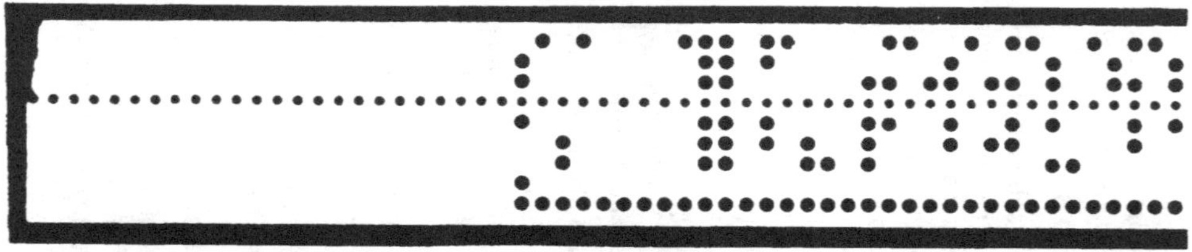

Abb. 3.38: 8-Kanal-Lochstreifen

Buchstaben		A	B	C	D	E	F	G	H	I	J	K	L	M	N	O	P	Q	R	S	T	U	V	W	X	Y	Z	<	≡	A...	1...	Zwr	
Ziffern		–	?	:	✠	3				8	ℜ	(	)	.	,	9	0	1	4	'	5	7	=	2	/	6	+						
Besetzung	1	●	●		●	●	●				●	●						●		●		●		●	●	●	●			●	●		
der fünf	2	●		●				●		●	●	●	●				●	●	●			●	●	●					●	●	●		
Stellen	3			●			●		●	●		●		●	●		●	●		●		●	●		●	●				●		●	
mit	4		●	●	●		●	●			●	●		●	●	●			●				●		●			●		●	●		
Einsen	5		●					●	●				●	●		●	●	●			●		●	●	●	●	●			●	●		

●	Eins bzw. Stromschritt	(leer)	Null bzw. Pausenschritt	<	Wagenrücklauf
A...	Buchstabenumschaltung	ℜ	Klingel	≡	Zeilenvorschub
1...	Ziffernumschaltung	✠	Wer da?	Zwr	Zwischenraum

Tabelle 3.7: Fernschreibcode CCITT 2

3.5. Lochstreifen und Lochkarte

Zur Informationsspeicherung außerhalb des Rechenautomaten in einer vom Rechner lesbaren Form verwendet man neben Magnetbändern Lochstreifen und Lochkarten. Diese Informationsträger wurden bereits vor der Erfindung der Rechenautomaten verwendet (Jacquard-Webstühle, Musikautomaten mit Lochstreifensteuerung, Fernschreiber, Hollerithmaschinen).

Lochstreifen gibt es in verschiedenen Maßen. Fernschreiblochstreifen haben 5 Informationsstellen, weiter sind 6- und 8-Kanal-Lochstreifen üblich. Als Beispiel sei der Fernschreiblochstreifen und das Fernschreibalphabet Nr. 2 nach CCITT[27] beschrieben (Tabelle 3.7). Jeder Lochstreifen hat neben den Informationslöchern noch regelmäßig auftretende, etwas kleinere Transportlöcher (vgl. Abb. 3.38).

Lochkarten dienen in den heute üblichen, im Stapelbetrieb arbeitenden Rechenzentren als Speicher für einzugebende Programme und Daten. Die früher zu diesem Zweck benutzten Lochstreifen sind von der Lochkarte verdrängt worden. Dafür gibt es zwei Gründe:

1. Jede Programmänderung erfordert bei der Verwendung von Lochstreifen die Herstellung eines völlig neuen Lochstreifens. Dagegen ist es bei einem Kartenstapel möglich, einige Lochkarten auszutauschen, zu entfernen oder einzufügen.

2. Die Lochkarte trägt auf dem oberen Rand eine schmale Zeile mit Klartext, während der Lochstreifen nur Bitmuster zeigt.

Lochkarten bestehen aus kohlefreiem Karton, da beim elektrischen Abtasten der Karten jede leitende Stelle Fehler verursachen könnte. Sie sind in 12 Zeilen und 20 bis 160 Spalten eingeteilt. Besonders häufig finden 80-spaltige Lochkarten (IBM) Verwendung (Abb. 3.39). Die obersten zwei Zeilen (Zeilen 12 und 11) sind für Sonderpositionen vorgesehen, sie bleiben frei, wenn nur Ziffern dargestellt

[27] CCITT = Comité Consultativ International Téléphonique et Télégraphique.

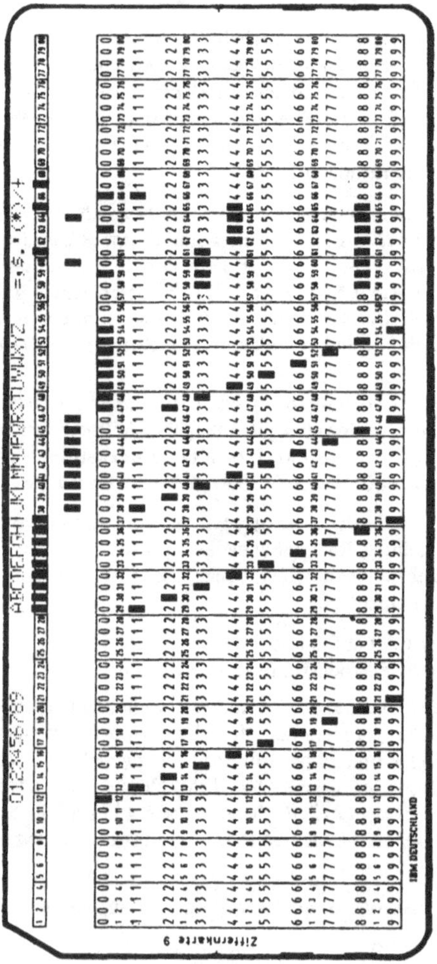

Abb. 3.39: Lochkarte (IBM-Code)

sind; dann trägt jede Spalte nur *ein* Loch in einer der unteren 10 Zeilen. Die Buchstaben werden durch zwei Löcher dargestellt (Tabelle 3.8).

Zeichen	0	1	2	3	4	5	6	7	8	9	A	B	C	D	E	F	G	H	I	J	K	L	M	N	O	P	Q	R	S	T	U	V	W	X	Y	Z
1. Loch in Zeile:											12	12	12	12	12	12	12	12	12	11	11	11	11	11	11	11	11	11	0	0	0	0	0	0	0	0
2. Loch in Zeile:	0	1	2	3	4	5	6	7	8	9	1	2	3	4	5	6	7	8	9	1	2	3	4	5	6	7	8	9	2	3	4	5	6	7	8	9

Tabelle 3.8: IBM-Lochkartencode

4. Der klassische Universalrechenautomat

4.1. Das von Neumann'sche Konzept

Der erste programmgesteuerte Rechner wurde um 1830 von *Babbage* in England konstruiert, geriet aber in Vergessenheit. Es dauerte dann noch einmal über hundert Jahre, bis in Deutschland Konrad *Zuse* 1936 in der elterlichen Wohnung einen mechanischen programmgesteuerten Rechenautomaten baute. Es folgten in und nach dem Krieg vorwiegend in Amerika elektromechanische und elektronische Rechenautomaten.

Der entscheidende Durchbruch erfolgte aber nicht durch technische Weiterentwicklung, sondern durch die theoretischen Arbeiten von *Burks, Goldstine* und *von Neumann,* die 1946/47 in Princeton durchgeführt wurden. Das Ergebnis dieser Arbeiten war das Konzept eines Universalrechenautomaten, das im folgenden wiedergegeben ist, weil darauf trotz aller Fortentwicklung und Verfeinerung auch heute noch aufgebaut wird:

1. Der Rechenautomat wird logisch und räumlich in Teile zerlegt (Abb. 4.1):

a) in ein Rechenwerk, in dem Rechenoperationen und logische Verknüpfungen durchgeführt werden,

[28] Die Darstellung des klassischen Universalrechenautomaten in diesem Kapitel geht wesentlich auf W. *Händler* zurück. Der interessierte Leser findet in [1.2] weitere Details sowie ein ausführliches Literaturverzeichnis.

b) in ein Speicherwerk, in dem Programme und Daten gespeichert werden,
c) in ein Leitwerk, das den Programmablauf steuert,
d) in ein Eingabe-Ausgabewerk, über das Daten und Programme ein- und ausgegeben werden.

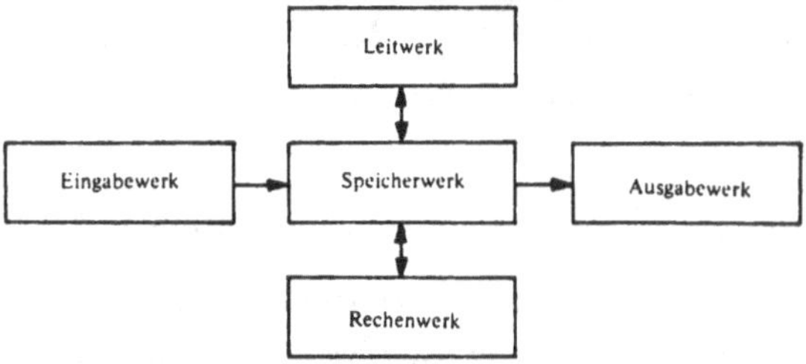

Abb. 4.1: Klassischer Universalrechenautomat

2. Der Rechenautomat ist in seiner Struktur unabhängig von den zu bearbeitenden Problemen. Vielmehr wird für jedes Problem eine Bearbeitungsvorschrift, das *Programm*, von außen eingegeben und im Speicher niedergelegt. Erst dieses Programm macht den Rechenautomaten arbeitsfähig.

3. Programm und Daten werden in *einem einheitlichen* Speicher abgelegt.

4. Damit jede Information eindeutig erreichbar ist, erhält jeder Speicherplatz eine *Adresse*, sein Inhalt ist über diese Adresse aufrufbar. Die Speicherzellen sind durchnumeriert, die entsprechende Zellennummer wird als Adresse bezeichnet.

5. Befehle eines Programmes werden im allgemeinen aus aufeinanderfolgenden Speicherplätzen geholt.
Das Holen des nächsten Befehles wird dadurch erleichtert, daß die Adresse nur um eins erhöht werden muß.

6. Es gibt Sprungbefehle, d. h. nach der Ausführung des Befehles mit der Adresse s wird ein Befehl mit der Adresse $t \neq s + 1$ geholt.

7. Es gibt bedingte Sprungbefehle. Nach der Ausführung des Befehles mit der Adresse 5 wird ein Befehl mit der Adresse $t \neq s + 1$ geholt, falls eine Bedingung b erfüllt ist. Gilt dagegen $\bar{b}$, so wird bei $s + 1$ fortgesetzt.

Damit ist der deterministische Programmablauf durchbrochen. Die Ergebnisse bestimmen mit, wie das Programm im einzelnen ablaufen soll. Mit bedingten Sprungbefehlen ist es möglich, Entscheidungen zu fällen, die von zunächst unbekannten Größen wie Zwischenergebnissen einer Rechnung abhängen können.

8. Es wird das duale Zahlensystem verwendet.

4.2. Die Struktur eines Universalrechenautomaten

Die einzelnen Schaltwerke und ihre Verbindungen untereinander ergeben eine räumlich-logische Struktur, während die Gliederung des Aufeinanderfolgens von Operationen eine zeitliche Struktur definiert.

Räumlich-logische Struktur

Das *Leitwerk* besteht aus Befehlswerk (in Abb. 4.2 links von der gestrichelten Linie), Funktionsentschlüsselung und Operationssteuerung. Im Befehlswerk stehen die auszuführenden Befehle in FB. Der Funktionsteil F gibt an, um welchen Befehl es sich handelt. Der Operationsteil B enthält im allgemeinen die Adresse eines Operanden oder die Adresse einer Adresse (indirekte Adressierung). Der Inhalt von F wird in der Funktionsentschlüsselung F.E. entschlüsselt und der Operationensteuerung O.S. zugeleitet, die dann die zur Ausführung des Befehls nötigen Steuersignale s_ν abgibt. Damit der ganze Befehl richtig ausgeführt wird, werden Rückmeldesignale k_μ vom Rechenwerk in die Operationensteuerung geleitet und dort mitberücksichtigt. Einzelheiten über die Funktionen des Leitwerkes enthält Abschnitt 4.4.

B.W. := Befehlswerk
Z := Befehlszähler
FB := Befehlsregister
F.E. := Funktionsentschlüsselung
O.S. := Operationensteuerung
S := Speicherregister
W := Speicherwahl- oder Adreßregister
M := Multiplikandenregister
V := Verknüpfungsschaltungen
A := Akkumulator
Q := Multiplikator-Quotientenregister

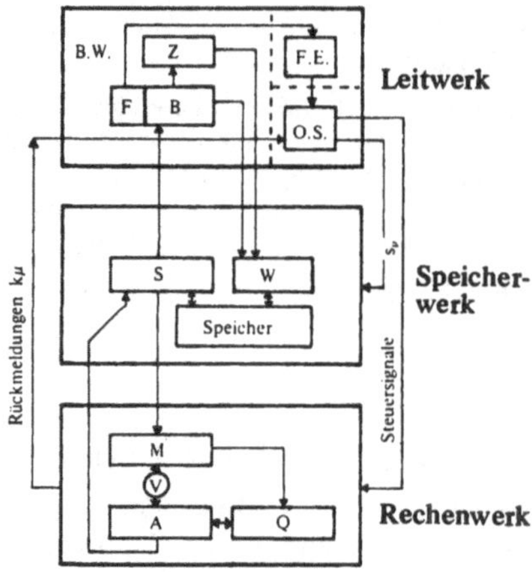

Abb. 4.2: Struktur von Leit-, Speicher- und Rechenwerk

Das Speicherwerk tritt nach außen durch das Speicherregister S und das Speicherwahl- oder Speicheradreßregister W in Erscheinung. In S steht die zu schreibende oder die gelesene Information, in W die zugehörige Adresse. Im allgemeinen besteht das Speicherwerk aus einem Ferritkernspeicher, wie er in Abschnitt 3.3.1 beschrieben wurde.

Das Rechenwerk besteht im einfachsten Fall aus dem Multiplikandenregister M, einem Akkumulatorregister A, einem Multiplikator-Quotientenregister Q und einer Verknüpfungsschaltung V (i. a. einem Addierwerk). Additionen $a + b = c$ zum Beispiel werden i. a. so durchgeführt, daß vor der Verknüpfung $\langle M \rangle = b$, $\langle A \rangle = a$ ist und nach der Verknüpfung ⟨M⟩ = b, ⟨A⟩ = c. Bei Multiplikationen stehen die Operanden in M und Q, das Ergebnis (doppelte Wortlänge) in A und Q. Einzelheiten enthält der Abschnitt 4.3.

Zeitliche Struktur

Wenn ein Programm „läuft", wenn also ein Befehl nach dem andern ausgeführt wird, ist durch die Folge der Befehle eine Zeitskala definiert. Da die einzelnen Befehle aber i. a. aus mehreren Teilschritten bestehen, muß die Zeitskala noch verfeinert werden. Üblicherweise gibt man einen Takt vor, der so gewählt ist, daß in einem Zeitintervall gerade ein Speicherzyklus ablaufen kann. Dieser Takt dient als Maßstab, wenn die Dauer eines Befehlsablaufes beschrieben werden soll. Der an der Zykluszeit orientierte Takt ist nochmals zu unterteilen, wenn es um die Steuerung des Speicherzyklus (vgl. Abb. 3.24) oder der Abläufe im Rechenwerk geht.

4.3. Rechenwerk

Das Rechenwerk ist ein Schaltwerk, dessen Zustand Z definiert ist durch die in den Rechenwerksregistern enthaltene Information. Eingangsgrößen X sind die Operanden und die vom Leitwerk kommenden Steuersignale s_ν, Ausgangsgrößen Y die Zwischenergebnisse und die Entscheidungskriterien k_μ, die zum Leitwerk zurückgehen und angeben, in welchem Stadium sich die gerade laufende Operation befindet (Abb. 4.2).

Das Rechenwerk eines Rechenautomaten muß außer arithmetischen auch logische Operationen durchführen können. Im englischen Sprachgebrauch hat man deshalb den Begriff „Arithmetic Unit" zugunsten des Begriffs „Processor" aufgegeben. Sinngemäß müßte man im Deutschen Begriffe wie Verknüpfungswerk oder Verarbeitungswerk wählen.

Die arithmetischen Grundoperationen lassen sich (vgl. Kap. 1) auf Addition, Komplementbildung und Schiebevorgänge zurückführen. In den meisten Rechenautomaten enthalten die Rechenwerke deshalb auch nur ein Addierwerk mit Komplementierungs- und Schiebemöglichkeiten. Nur große Rechner haben zur Geschwindigkeitssteigerung zusätzliche Multiplizierbefehle etc.[29] fest eingebaut („verdrahtet").

Die logischen Operationen lassen sich (vgl. Kap. 2) allein mit Intersektion und dem der stellenweisen Negation entsprechenden (B – 1)-Komplement durchführen.

Parallel- und Serienrechenwerk

Die logischen und arithmetischen Operationen können sowohl parallel als auch seriell durchgeführt werden. Ein Serienaddierwerk ist bereits in Abschnitt 3.2.2 behandelt worden, deshalb soll hier nur noch auf ein Parallelrechenwerk eingegangen werden. Wegen der möglicherweise auftretenden Überträge genügt es nicht, eine stellenweise Verknüpfung durchzuführen, es muß auch Verknüpfungen geben, die eine oder mehrere benachbarte Stellen einbeziehen. Die Berücksichtigung der Überträge kann auf verschiedene Weise erfolgen. In einem *asynchronen* Rechenwerk wird die Addition in einem Zuge durchgeführt, ohne einen Takt zu benutzen. Die Verknüpfungsdauer hängt nur von der Verzögerungszeit der einzelnen Elemente und von der Zahl der Stellen ab, durch die der Übertrag läuft. In einem *synchronen* Rechenwerk ist die Verknüpfung in Teilschritte, wie Zwischensummenbildung und Übertragsabbau, zerlegt. Im ungünstigsten Fall, wenn der Übertrag durch alle N Stellen läuft, muß der Teilschritt „Übertragsabbau" N-mal durchgeführt werden. Wenn nach Abschluß der Addition eine Fertigmeldung erfolgt, muß die Dauer des ungünstigsten Falles nicht bei jeder Addition abgewartet werden. Im Mittel wird der Übertragsabbau nur (ld n)-mal benötigt (von Neu-

[29] Führt man die Multiplikation mit einem Multiplizierbefehl durch, so ist der technische Aufwand größer. Multiplikation durch mehrfache Anwendung von Addierbefehlen erfordert zwar einen geringeren technischen, dafür aber einen höheren programmtechnischen Aufwand. Dieses Beispiel steht für ein allgemein gültiges Prinzip: Großer (geringer) technischer Aufwand (engl.: hardware) bedingt geringen (hohen) programmtechnischen Aufwand (engl.: software).

mann'sches Gesetz), so daß es sich lohnt, eine Fertigmeldung vorzusehen.[30] Die Arbeitsweise eines Rechenwerkes soll exemplarisch an einem synchronen Rechenwerk mit Fertigmeldung behandelt werden. Die Fertigmeldung wird in diesem Beispiel gegeben, wenn ein Übertragsregister C lauter Nullen enthält (Abb. 4.2, Beispiel 4.1). Die Verwendung eines synchronen Rechenwerks in Beispiel 4.1 hat didaktische Vorteile, da die Teilschritte Takt für Takt verfolgt werden können.

Beispiel 4.1: Synchrones Parallelrechenwerk mit Übertragsregister

Ein Rechenwerk wird dadurch beschrieben, daß man angibt, welche Rechenregister existieren, welche Transporte und Verknüpfungen, ausgelöst durch Steuersignale s_ν, zwischen ihnen möglich, d. h. welche Mikrooperationen vorgesehen sind und welche Entscheidungszeichen (Kriterien) k_μ abgegeben werden. Abb. 4.3 zeigt die Struktur des Rechenwerkes. Die Rechenregister, Mikrooperationen und Kriterien k_μ sind im folgenden aufgeführt.

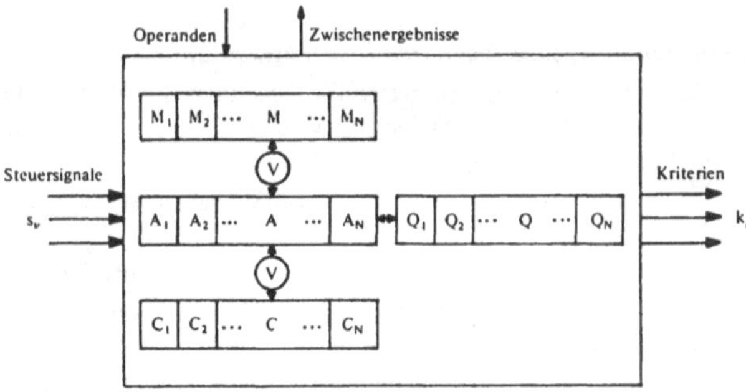

Abb. 4.3: Parallelrechenwerk

[30] Wesentlich schneller erfolgt die Addition, wenn die Überträge prinzipiell nicht mehr durch mehrere oder alle Stellen laufen müssen, sondern für jede Stelle gesondert ermittelt wird, ob ein einlaufender Übertrag von der nächstniedrigeren Stelle zu erwarten ist *(Carry-look-ahead-adder)*.

Rechenregister:

1. Das Multiplikandenregister M	stellt die Verbindung zum Speicherwerk dar. Es enthält bei Verknüpfungen einen der Operanden.
2. Der Akkumulator A	ist das Hauptrechenregister. Es enthält meist einen der Operanden. Nach der Operation enthält der Akkumulator i. a. das Ergebnis.
3. Das Multiplikator-Quotientenregister Q	wird bei Multiplikation und Division benötigt. Wie der Name sagt, enthält es bei der Multiplikation einen Operanden, den Multiplikator. Nach der Multiplikation enthält es einen Teil des Ergebnisses, nach der Division das Ergebnis, den Quotienten.
4. Das Übertragsregister C	enthält bei Additionen die Zwischenüberträge.

Mikrooperationen, ausgelöst durch Steuersignale s_ν*:*

Wenn nichts anderes gesagt ist, gelten die folgenden Beziehungen für alle Stellen (i = 1, 2, 3, . . ., N). Der Inhalt einer Stelle B_i wird mit b_i bezeichnet, $b_i := \langle B_i \rangle$.

s_0 :	$s_i \rightarrow M_i$	Holen der Operanden aus dem Speicherregister S
s_0^* :	$a_i \rightarrow S_i$	Abspeichern des Akkumulatorinhalts.

Diese beiden Mikrooperationen sorgen für die Verbindung von Speicher- und Rechenwerk.

s_1 :	$m_i \oplus a_i \rightarrow A_i$	Stellenweise Addition mod. 2 (Zwischensumme)
s_2 :	$m_i \wedge a_i \rightarrow C_i$	Stellenweise Bildung des Zwischenübertrages
s_3 :	$a_i \oplus c_i \rightarrow A_i$	Übertragsabbau in A
s_4 :	$a_i \wedge c_i \rightarrow C_i$	Übertragsabbau in C

s_5 : $a_i \rightarrow A_{i+1}$ Rechtsschift in A
$o \rightarrow A_1$

s_6 : $q_i \rightarrow Q_{i+1}$ Rechtsschift in Q
$a_N \rightarrow Q_1$

Diese beiden Rechtsschifte werden bei der Multiplikation benötigt.

s_7 : $c_i \rightarrow C_{i-1}$ Linksschift in C
$q_1 \rightarrow C_N$

s_8 : $q_i \rightarrow Q_{i-1}$ Linksschift in Q
und $o \rightarrow Q_N$

(falls nicht s_{16} gleichzeitig wirkt)

s_9 : $\bar{a}_i \rightarrow A_i$ (B – 1)-Komplement in A

s_{10}: $o \rightarrow A_i$ Löschen von A

Aus diesen Mikrooperationen lassen sich alle Befehle aufbauen. Man erleichtert sich den Befehlsaufbau jedoch sehr, wenn man noch einige weitere Mikrooperationen zur Verfügung stellt:

s_{11} : $a_i \rightarrow Q_i$ Transport $\langle A \rangle \rightarrow Q$
s_{12} : $q_i \rightarrow A_i$ Transport $\langle Q \rangle \rightarrow A$
s_{13} : $m_i \rightarrow A_i$ Transport $\langle M \rangle \rightarrow A$
s_{14} : $a_i \rightarrow M_i$ Transport $\langle A \rangle \rightarrow M$
s_{15} : $m_i \wedge a_i \rightarrow A_i$ Intersektion
s_{16} : $1 \rightarrow Q_N$ Einspeisung einer Eins
s_{17} : $c_i \rightarrow C_{i-1}$ Ringschift in C
$c_1 \rightarrow C_N$

Um sich weitere Verknüpfungsmöglichkeiten offenzuhalten, kann man in die zu s_1 gehörende Mikrooperation noch das Übertragsregister C einbeziehen. Ist $\langle C \rangle = o$, so ändert sich an der oben gezeigten Wirkung nichts:

s_1 : $(m_i + a_i + c_i)_{mod 2} \rightarrow A_i$

Kriterien:

Nicht alle Vorgänge sind unabhängig von den jeweils vorhandenen Operanden. So wird bei der Addition zweier Zahlen nur dann der zulässige Zahlenbereich überschritten, wenn die Summe größer oder gleich 2^{N-2} ist (N Stellen einschließlich Schutz- und Vorzeichenstelle). Ebenso wird im Verlauf der Multiplikation nur dann eine Addition durchgeführt, wenn die letzte Stelle Q_N von Q, die „entscheidende Multiplikatorstelle", eine Eins enthält. Zur Verdeutlichung sei die Multiplikation 11×5 in einem vierstelligen Rechenwerk beschrieben. Das Vorzeichen werde gesondert behandelt.

M	1 0 1 1			Ausgangssituation
A	0 0 0 0	0 1 0 1	Q	
	1 0 1 1			Addition, da $q_N = 1$
	1 0 1 1	0 1 0 1		
	1 0 1 1			1. Rechtsschift
	0 1 0 1	1 0 1 0		
	1 0 1 1			Da $q_N = 0$ keine Addition, sondern 2. Rechtsschift
	0 0 1 0	1 1 0 1		
	1 0 1 1			Addition
	1 1 0 1	1 1 0 1		
	1 0 1 1			3. Rechtsschift
	0 1 1 0	1 1 1 0		

<table><tr><td>1 0 1 1</td><td></td></tr><tr><td>0 0 1 1</td><td>0 1 1 1</td></tr></table>

4. Rechtsschift

Der Inhalt q_N der letzten Multiplikatorstelle Q_N dient also das Kriterium dafür, ob addiert werden soll oder nicht.

Einige wichtige Kriterien sind:

$k_1 : a_2$	Kriterium für das Vorzeichen
$k_2 : q_N$	Entscheidende Multiplikatorstelle
$k_3 : (\bar{a}_1 \wedge a_2) \vee (a_1 \wedge \bar{a}_2)$	Kriterium für Überlauf
$k_4 : \langle A \rangle = o$	Kriterium für Abfragen auf Null
$k_5 : \langle C \rangle = o$	Kriterium für das Ende des Übertragsabbaus

k_3 ergibt sich aus der Zahlendarstellung mit Vorzeichen und Schutzstelle (Abb. 1.3), in der 01 und 10 den Überlauf charakterisieren.

4.4. Leitwerk

Das Leitwerk hat die Aufgabe, den Programmablauf zu steuern und die Zusammenarbeit der einzelnen Werke zu koordinieren. Den Programmablauf regelt das Befehlswerk, den Befehlsablauf die Operationensteuerung (Abb. 4.4). Zwischen beiden liegt die Funktionsentschlüsselung.

Während in das Rechenwerk *Datenwörter* aus dem Speicher kommen, gelangen in das Leitwerk *Befehlswörter*. In Abschnitt 4.3 haben wir gesehen, daß die gesamte Wortlänge (N Stellen) zur Darstellung der Operanden verwendet wurde. Die Befehle werden in demselben Speicher abgelegt, haben also ebenfalls eine Wortlänge von N Bit. Ein Befehlswort besteht aus dem Funktionsteil F mit f Binärstellen und dem Adreßteil B mit b Binärstellen ($f + b = N$). f begrenzt die Zahl der Befehle, b die Zahl der möglichen Speicheradressen auf 2^f bzw. 2^b. So können mit 6 Bit 64 Befehle gebildet, mit 12 Bit 4096 Speicherplätze adressiert werden.

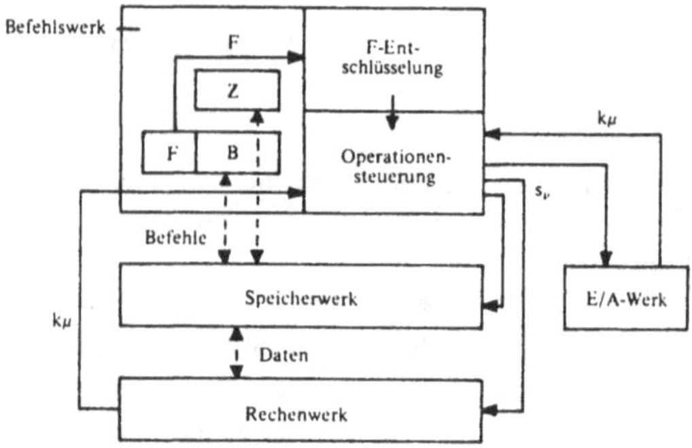

Abb. 4.4: Das Leitwerk und seine Verbindungen zu den übrigen Werken

4.4.1. Befehlswerk und Programmsteuerung

Die Programmierungssprache

Ein Programm ist eine Vorschrift, nach der vorgegebene Daten verarbeitet werden. Es besteht aus einer Folge von Befehlen. Diese Befehle müssen dem Rechenautomaten als binäre Information, als Bitmuster, übergeben werden. Da Befehle dieser Form der Rechenmaschine angepaßt und für sie verständlich sind, nennt man diese Darstellung *Maschinensprache* oder *Maschinencode.* Für den Menschen als Benutzer sind Programme in dieser Form schwer lesbar, so daß man für ihn bequemere Befehlsdarstellungen (maschinenorientierter Code) oder problemnahe Anweisungen (problemorientierte Sprache) geschaffen hat. Programmierungsfragen werden in Kap. 5 behandelt, hier sei nur vermerkt, daß allen Betrachtungen dieses Abschnitts der Maschinencode zugrunde liegt. Unter einem Befehl ist also hier ein Bitmuster zu verstehen.

Der Befehlstyp

Bei den hier angestellten Betrachtungen wird stets angenommen, daß *Einadreßbefehle* vorliegen. Der Grundgedanke des Einadreßbefehles ist das Akkumulieren der Zwischenergebnisse in einem besonderen Register, dem Akkumulator, wobei zusätzlich angenommen wird, daß sich der erste Operand bereits im Akkumulator befinde, während der zweite gemäß der angegebenen Adresse aus dem Speicher geholt wird. Damit ist es möglich, mit nur einer Adresse auszukommen. Ein Befehlssystem, das mit Einadreßbefehlen arbeitet, ist sehr leistungsfähig und wird oft verwendet. Gelegentlich werden auch *Mehradreßbefehle* verwendet. Am Beispiel eines ***Dreiadreßbefehles*** sei gezeigt, wie solche Befehle ablaufen:

Der erste bzw. zweite Operand wird gemäß der ersten bzw. zweiten Adresse aus dem Speicher geholt, das Ergebnis wird gemäß der dritten Adresse in den Speicher gebracht.

Befehlswerk

Das Befehlswerk enthält die für die Programmsteuerung notwendigen Daten, nämlich den gerade anstehenden Befehl ⟨FB⟩, wobei gilt:

⟨F⟩ := Operationsteil des Befehles (Funktionsteil)
⟨B⟩ := Adreßteil (z. B. Adresse des Operanden).

Wie der Ablauf der einzelnen Befehle erfolgt, soll an einem Flußdiagramm[31] (Abb. 4.5) erläutert werden:

1. Für alle Befehle gemeinsam und gleich ist die ***Befehlsholphase:*** ein Befehl wird aus dem Speicher geholt, der Befehlszählerinhalt wird um 1 erhöht.

[31] Ein Flußdiagramm ist die graphische Darstellung der Struktur eines Ablaufes, hier des Befehlsablaufes. Besonders verbreitet sind Flußdiagramme zur Beschreibung von Programmen (vgl. Kap. 5). Die in Abb. 4.5 verwendeten Zeichen bedeuten:

Transport- oder Verarbeitungsvorgang

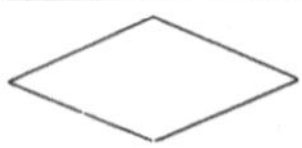
Entscheidung

manuelle Operation

2. In der ***Entschlüsselungsphase*** tritt eine breitgefächerte Verzweigung ein, jeder Befehl ϕ_i wird auf einem gesonderten Weg weiterverfolgt.

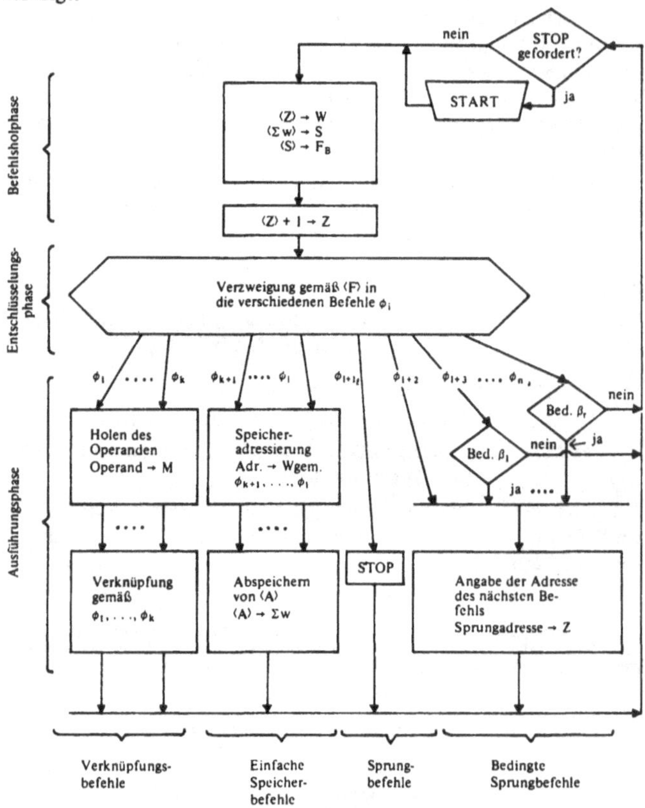

Abb. 4.5: Flußdiagramm der Befehlsschleife

3. In der *Ausführungsphase* unterscheidet man vier Befehlstypen:

Verknüpfungsbefehle:	Es wird ein Operand nach M geholt und mit dem Inhalt von A gemäß ϕ_i verknüpft.
Einfache Speicherbefehle:	Der Inhalt des Akkumulators wird an einen vorgegebenen Speicherplatz gebracht.
Sprungbefehle:	Es wird entweder vor der nächsten Holphase gehalten oder zu einer anderen Adresse gesprungen.
Bedingte Sprungbefehle:	Hier erfolgt der Sprung nur, wenn gewisse Bedingungen β_i erfüllt sind.

Beim Start des Programmes wird zunächst die Adresse des ersten Befehls in den Befehlszähler Z gebracht, dann wird ein Startsignal gegeben. Der Programmablauf beginnt mit der Befehlsholphase des ersten Befehls. Im einzelnen sind in der Befehlsholphase und den Ausführungsphasen folgende Transporte und Verknüpfungen durchzuführen:

Befehlsholphase:

$\langle Z \rangle \to W$	Adresse des Befehls geht in den Speicher.
$\langle \Sigma w \rangle \to S$	Der Befehl wird nach S gebracht.
$\langle S \rangle \to FB;\ \langle Z \rangle + 1 \to Z$	Der Befehl wird ins Befehlsregister FB gebracht. Gleichzeitig wird der Inhalt des Befehlszählers um eins erhöht (vgl. Punkt 5 des von Neumann'schen Konzepts).

Ausführungsphasen:

a) Verknüpfungsbefehle

$\langle F \rangle \overset{\phi}{\to} O.S.;\ \langle B \rangle \to W$	Der Funktionsteil F des Befehls wird entschlüsselt (ϕ), gleichzeitig wird die Operandenadresse nach W gebracht.
$\langle \Sigma w \rangle \to S$	Der zweite Operand wird nach S gebracht.

$\langle S \rangle \to M$	Der zweite Operand wird nach M gebracht. Damit befinden sich die beiden Operanden in A bzw. M.
$\langle M \rangle \circ \langle A \rangle \to A$ (bzw. A, Q)	Verknüpfung der Operanden, das Ergebnis kommt nach A bzw. nach A, Q bei der Multiplikation.

b) Einfache Speicherbefehle

$\langle F \rangle \overset{\phi}{\to}$ O.S.; $\langle B \rangle \to W$	Der Befehl wird entschlüsselt, die Operandenadresse nach W gebracht.
$\langle A \rangle \to S$	Der Inhalt von A wird ins Speicherregister S gebracht.
$\langle S \rangle \to \Sigma_W$	Der Inhalt von S wird in die von $\langle B \rangle$ festgelegte Speicherzelle Σ_W gebracht.

c) Sprungbefehle

$\langle F \rangle \overset{\phi}{\to}$ O.S.	Befehlsentschlüsselung.
$\langle B \rangle \to Z$	Der Sprungbefehl wird durch eine Änderung des Befehlszählerinhaltes realisiert. In diesem Fall ist die Erhöhung des Befehlszählerinhaltes um eins in der Befehlsholphase überflüssig, sie schadet aber auch nicht.

d) Bedingte Sprungbefehle

$\langle B \rangle \overset{\phi}{\to}$ O.S.; $\langle B \rangle \to W$	Befehlsentschlüsselung, Operandenadresse nach W.
$\langle B \rangle \overset{\beta}{\to} Z$	Der Inhalt von B wird nach Z gebracht, falls die Bedingung β erfüllt ist. Übliche Bedingungen sind: $\langle A \rangle \gtreqless 0$

4.4.2. Operationensteuerung, Mikroprogramme

Die Operationensteuerung hat die Aufgabe, die zur Verfügung stehenden Elementar- oder *Mikrooperationen*, wie Transport, Kopie, Löschen, Komplementierung, Schift, stellenweise Addition usw. mit den Steuersignalen s_ν in einer solchen Reihenfolge auszulösen, daß der in F angegebene und in der Funktionsentschlüsselung ermittelte Befehl ausgeführt wird. Dabei dürfen auch mehrere Mikrooperationen gleichzeitig, d. h. in der gleichen Taktzeit, ausgelöst werden.

In den ersten Jahren der Rechnerentwicklung war der Entwurf einer Operationensteuerung eine Sache der Improvisation und Intuition. Eine systematische Darstellung in Form eines Mikroprogrammsteuerwerkes entwickelten als erste Wilkes und Stringer im Jahre 1953. Varianten dieser Mikroprogrammtechnik wurden von Billing/Hopmann (1955) und Händler/Voigt (1957) entwickelt.

Das Konzept der Mikroprogrammierung

1. Mikrooperationen, die in der gleichen Taktzeit ablaufen, werden zu einem Mikrobefehl zusammengefaßt.

2. Jeder Befehl wird aus einer Folge von Mikrobefehlen aufgebaut (Befehl := Mikroprogramm).

3. Man führt ein Register, den sogenannten Mikrobefehlszähler MZ ein, dessen Zustand angibt, in welchem Ausführungsstadium sich ein Befehl gerade befindet, d. h. welcher Mikrobefehl gerade ausgeführt wird.

4. Die Mikroprogramme werden fest verdrahtet oder in einem sehr schnellen Speicher abgelegt. Meist werden dafür Festspeicher[32] verwendet.

[32] Ein Festspeicher ist ein Speicher, der eine feste, stets gleichbleibende Information enthält. Die zu speichernde Information wird i. a. schon bei der Konstruktion festgelegt. So gibt es Festspeicher aus Ferritkernen, in denen die spezielle Fädelung diese Festlegung trifft.

5. Mikroprogramme dürfen durch Kriterien ***bedingte*** Verzweigungen haben. Dadurch ist es möglich, Schleifen innerhalb der Mikroprogramme zu bilden.

Die Vorteile dieses Konzepts sind:

Größere Übersichtlichkeit durch die Aufteilung in gleichzeitig ablaufende Vorgänge,

Größere Flexibilität beim Entwurf und bei der Entwicklung eines Rechners. Durch die Bildung neuer oder veränderter Mikroprogramme kann noch in der Schlußphase der Entwicklung der Befehlscode geändert werden. Dies gilt insbesondere für Mikroprogrammwerke II. Art, wo jeder Befehl für sich realisiert ist, also die Änderung eines Befehles die übrigen nicht beeinflußt.

Die ***Bildung von Spezialbefehlen*** für ausgeprägte Benutzerwünsche ist durch ein entsprechendes Mikroprogramm leicht möglich.

Mikroprogrammwerk I. Art (*Wilkes/Stringer*)

Wilkes und Stringer haben ein Mikroprogrammsteuerwerk vorgeschlagen, wie es Abb. 4.6 zeigt. Der Funktionsteil F des Befehlsregisters wird mit dem Mikrobefehlszähler MZ zu ***einem Register F/MZ*** zusammengefaßt. Der Inhalt von F kennzeichnet ein Mikro-

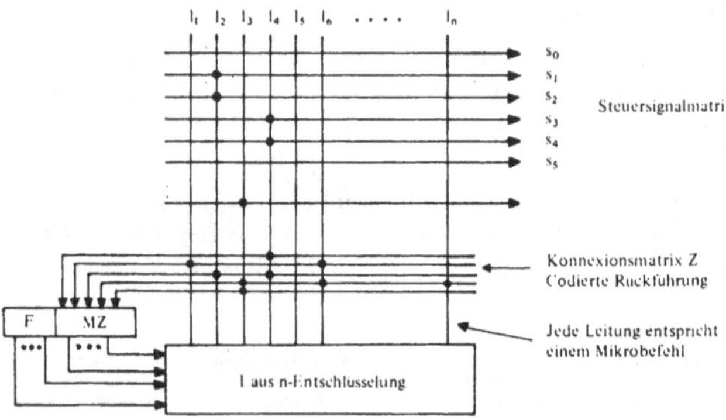

Abb. 4.6: Mikroprogrammsteuerwerk nach *Wilkes/Stringer*

programm, der Inhalt von MZ den gerade aktuellen Mikrobefehl dieses Mikroprogrammes. Der Inhalt von F/MZ wird so entschlüsselt, daß für jeden Mikrobefehl genau eine Ausgangsleitung l_i aus dem Entschlüsselungszuordner existiert und daß in jeder Taktzeit genau eine der Leitungen l_i aktiviert ist (Eins-aus-n-Entschlüsselung). Die Leitungen l_i gehen durch zwei Matrizen, die Konnexionsmatrix Z und die Steuersignalmatrix A.

Über die Fortschalt- oder Konnexionsmatrix Z wird dafür gesorgt, daß abhängig von F/MZ, d. h. abhängig von dem gerade anstehenden Befehl und Mikrobefehl, der Inhalt von MZ geändert und damit ein neuer Mikrobefehl gewählt wird.

In der Steuersignalmatrix A werden jedem Mikrobefehl die entsprechenden Mikrooperationen zugeordnet: es werden die Steuersignale s_ν gebildet, die dann die gewählten Mikrooperationen auslösen.

Mikroprogrammwerk II. Art *(Händler/Voigt)*

Das Mikroprogrammwerk II. Art verwendet ebenfalls die Darstellung mit den Matrizen A und Z. Der Unterschied liegt in der getrennten Entschlüsselung von F und MZ.

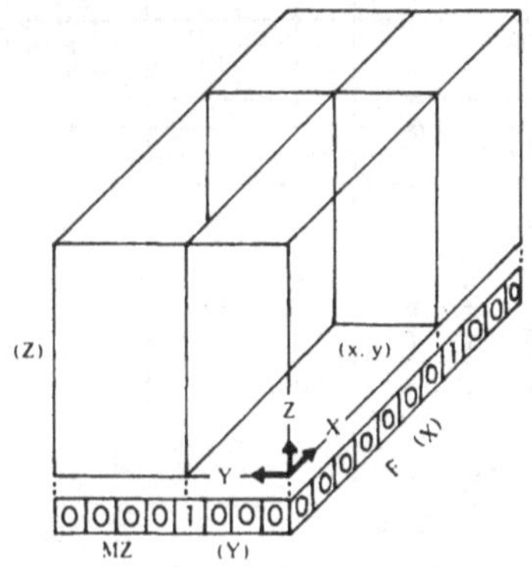

Abb. 4.7: Mikroprogrammsteuerwerk nach *Händler/Voigt*

F und MZ seien „1 aus n-Ketten", also binäre Register, die zu jeder Taktzeit in genau einer Stelle eine Eins, in allen andern Stellen Nullen enthalten. Ordnet man den Registern F bzw. MZ in einem räumlichen Koordinatensystem die x- bzw. y-Richtung und den Mikrooperationen die z-Richtung zu, so wird ein räumliches Gitternetz aufgespannt, wie es Abb. 4.7 zeigt.

Für jeden Befehl x_i (i = 1, 2, . . ., r) erhält man eine Zuordnungsebene x_i = const., in der sich eine Steuersignalmatrix A^{x_i} und eine Konnexionsmatrix Z^{x_i} befinden (Abb. 4.8). In jeder solchen Ebene kann jedes der Steuersignale s_ν ausgelöst werden. Die s_ν werden aber jeweils nur einmal benötigt. Deshalb werden jeweils die in einer Ebene z_ν = const. liegenden s_ν disjunktiv zusammengefaßt.

In den Gitterpunkten (x, y, z) ist eine Konjunktion überall dort anzuordnen, wo die Mikrooperation z_k beim Ablauf der Operation x_i zu dem durch den Zustand y_j gegebenen Zeitpunkt ausgelöst werden soll.

Zu jedem Paar (x_i, y_j) können mehrere Mikrooperationen z_k gehören, sie bilden einen Mikrobefehl.

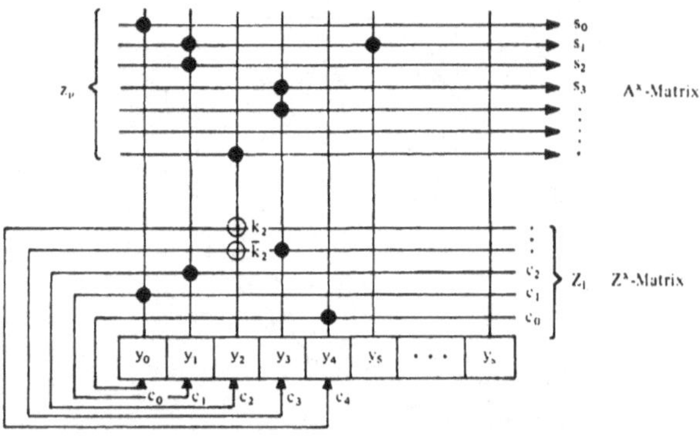

Abb. 4.8: x-Ebene eines Mikroprogrammwerkes II. Art. Unbedingte Verbindungen sind durch •, bedingte durch ○ dargestellt.

x = const.: In jeder x_i-Ebene ist ein Mikroprogramm, also ein Befehl, fixiert. Die Steuersignale s_ν und die Fortschaltsignale c_k werden in Konjunktionen gebildet.
s_ν löst im Befehl x_i beim MZ-Zustand y_j unter der Bedingung k_μ die ν-te Mikrooperation z_ν aus.
c_l setzt eine Eins nach y_l und schaltet so den Mikrobefehlszähler MZ fort.

y = const.: Die y_i-Ebene entspricht dem Zustand y_i von MZ.

z = const.: Jede z_ν-Ebene kennzeichnet eine Mikrooperation z_ν.
Jede z_l-Ebene kennzeichnet einen Folgezustand y_l (Abb. 4.8).
Alle Signale s_ν bzw. c_l, die in den Konjunktionen *einer* z-Ebene gebildet werden, werden disjunktiv vereinigt zu *einem* Steuersignal bzw. *einem* Fortschaltsignal.

4.4.3. Die Paralleladdition als Mikroprogramm

Mit den in Beispiel 4.1 definierten Mikrooperationen soll eine Paralleladdition durchgeführt werden. Der eine Operand befinde sich bereits im Akkumulator, der andere sei noch im Speicher. Zuerst holt man mit s_0 den zweiten Operanden aus dem Speicher nach M. Dann bildet man gleichzeitig mit s_1 und s_2 Zwischensumme und Zwischenübertrag. Die entstandenen Zwischenüberträge werden durch einen Linksschift (s_7, bei (B – 1) Komplementaddition: s_{17}) der nächst höheren Stelle zugeordnet. Gleichzeitig erfolgt dann mit s_3, s_4 der Übertragsabbau in A und C. Abwechselnd werden dann Linksschift in C und Übertragsabbau durchgeführt, bis das Kriterium $\langle C\rangle = o$ angibt, daß die Addition beendet ist. Die Additionen 5 + 2, 4 + 7 und die Subtraktion 7 – 5 in einem 5-stelligen Rechenwerk mit Schutz- und Vorzeichenstelle sollen als Beispiel dienen. Der zweite Operand befinde sich bereits in M:

5 + 2 :

	$\langle M \rangle$ =	0 0 1 0 1	
	$\langle A \rangle$ =	0 0 0 1 0	
s_1 :	$\langle A \rangle$ =	0 0 1 1 1	Ergebnis
s_2 :	$\langle C \rangle$ =	0 0 0 0 0 → k_5	

4 + 7 :

	$\langle M \rangle$ =	0 0 1 0 0	
	$\langle A \rangle$ =	0 0 1 1 1	
s_1 :	$\langle A \rangle$ =	0 0 0 1 1	
s_2 :	$\langle C \rangle$ =	0 0 1 0 0	
s_{17} :	$\langle C \rangle$ =	0 1 0 0 0	
s_3 :	$\langle A \rangle$ =	0 1 0 1 1 → k_3	Ergebnis (Überlauf)
s_4 :	$\langle C \rangle$ =	0 0 0 0 0 → k_5	

7 − 5 :

	$\langle M \rangle$ =	0 0 1 1 1	
	$\langle A \rangle$ =	1 1 0 1 0	
s_1 :	$\langle A \rangle$ =	1 1 1 0 1	
s_2 :	$\langle C \rangle$ =	0 0 0 1 0	
s_{17} :	$\langle C \rangle$ =	0 0 1 0 0	
s_3 :	$\langle A \rangle$ =	1 1 0 0 1	
s_4 :	$\langle C \rangle$ =	0 0 1 0 0	
s_{17} :	$\langle C \rangle$ =	0 1 0 0 0	
s_3 :	$\langle A \rangle$ =	1 0 0 0 1	
s_4 :	$\langle C \rangle$ =	0 1 0 0 0	
s_{17} :	$\langle C \rangle$ =	1 0 0 0 0	
s_3 :	$\langle A \rangle$ =	0 0 0 0 1	
s_4 :	$\langle C \rangle$ =	1 0 0 0 0	
s_{17} :	$\langle C \rangle$ =	0 0 0 0 1	
s_3 :	$\langle A \rangle$ =	0 0 0 0 0	
s_4 :	$\langle C \rangle$ =	0 0 0 0 1	
s_{17} :	$\langle C \rangle$ =	0 0 0 1 0	
s_3 :	$\langle A \rangle$ =	0 0 0 1 0	Ergebnis
s_4 :	$\langle C \rangle$ =	0 0 0 0 0 → k_5	

Die Operation ist jeweils beendet, wenn mit ⟨C⟩ = o das Kriterium k_5 erfüllt ist. Das Ergebnis steht jeweils in A. Bei der Addition 4 + 7 wird zusätzlich durch k_3 angezeigt, daß das Ergebnis den zulässigen Bereich überschritten hat.

Ein Mikroprogramm kann durch ein GANTT-Diagramm, durch ein Zustandsdiagramm oder durch ein Flußdiagramm beschrieben werden. Am Beispiel der Paralleladdition werden die drei Beschreibungsmöglichkeiten dargestellt (Abb. 4.9, 4.10, 4.11).

GANTT-Diagramm

Ein GANTT-Diagramm ist die graphische Darstellung eines Gesamtablaufs über der Zeitachse. Es gibt an, welche Teilabläufe zur Zeit t aktiv sind. Ein GANTT-Diagramm zeigt besonders deutlich das Neben- und Nacheinander der Teilaktivitäten.

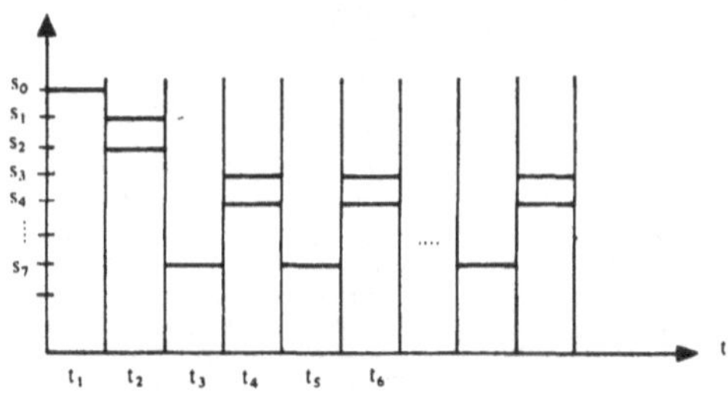

Abb. 4.9: GANTT-Diagramm eines Mikroprogrammes

Zustandsdiagramm (Zustände von MZ)

Das Zustandsdiagramm gibt an, welche Zustände der Mikrobefehlszähler MZ einnehmen kann und wie diese ineinander übergeführt werden. Wegen der Einheitlichkeit der Bezeichnungen in diesem Kapitel sollen die Zustände mit y_i bezeichnet werden, nicht wie sonst üblich mit z_i!

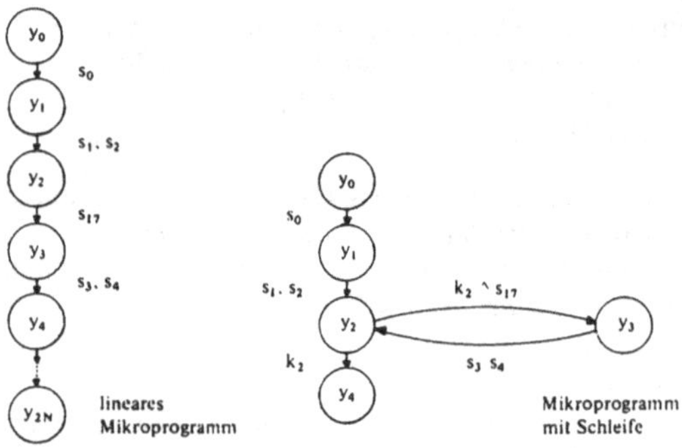

Abb. 4.10: Zustandsdiagramm eines Mikroprogrammes

Flußdiagramm

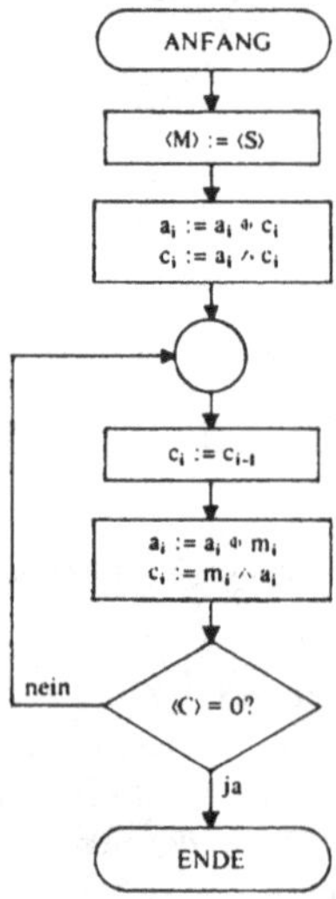

Abb. 4.11: Flußdiagramm eines Mikroprogrammes

4.5. Die Minima, ein Serien-Universalrechenautomat

Die Überlegungen von *Goldstine, Burks* und *von Neumann,* führten am Institute of Advanced Studies in Princeton zum Bau eines Parallelrechners *(Maniac)*, der wegweisend für die Entwicklung der parallel im Dualsystem arbeitenden Rechner wurde.

Im Europa der Nachkriegszeit dagegen führte der allgemeine Mangel dazu, daß man versuchte, einen Rechenautomaten mit möglichst kleinem Materialaufwand zu konstruieren. So entwickelten Fromme und van der Poel als europäische Variante des klassischen Universalrechenautomaten den Serienrechner „Minima". Nach dem Konzept der Minima wurden die Rechner *Zuse*-Z 22, -Z 23 *(Fromme)* und *Zebra (van der Poel)* gebaut. Im folgenden wird ein Modell beschrieben, an dem das Grundkonzept dieser Rechner deutlich wird. Der geringe Aufwand wird im wesentlichen durch die Anwendung des *Serienprinzips*, eines *analytischen Befehlscodes* und des *Grundprogrammsystems* erzielt.

Serienprinzip

Bei serieller Verknüpfung benötigt man für alle N Stellen eines Wortes nur *eine* Verknüpfungsschaltung. Auch die Informationsübertragung zwischen zwei Registern wird einfach, da jeweils nur die ersten und letzten Registerelemente verbunden werden müssen (vgl. Abschnitt 3.2.2).

Analytischer Befehlscode

In Abschnitt 4.4 wurde ein voll verschlüsselter Befehlscode verwendet, mit den f Stellen des Operations- oder Funktionsteils F wurden 2^f Befehle dargestellt. Bei einem analytischen Befehlscode gibt es diese Verschlüsselung nicht, vielmehr bekommt jede Binärstelle des Operationsteiles eine ganz bestimmte Bedeutung. Man ordnet jeder Binärstelle ein *Befehlselement* zu, das auszuführen ist, wenn die betreffende Stelle eine Eins enthält. Unter dem Befehlselement versteht man einfache, in einer Wortzeit[33] durchführbare Befehle (vgl. Tabelle 4.1). Ein Befehl in einem analytischen Befehlscode besteht aus einem oder mehreren Befehlselementen, dargestellt durch eine oder mehrere Einsen im Operationsteil. Nicht alle Befehlselemente sind miteinander vereinbar, so ist es sinnlos, gleichzeitig

Linksschift und Rechtsschift,
Addition und Subtraktion,
positives und negatives Vorzeichen

zu verlangen. Aus diesem Grunde sind bei einem f-stelligen Operationsteil weit weniger als 2^f sinnvolle Befehle möglich. Man benötigt also bei gleicher Zahl von Befehlen viel mehr Stellen als bei voller Verschlüsselung. Dafür spart man aber die Funktionsentschlüsselung und eine spezielle Operationensteuerung, da von jeder Binärstelle des Operationsteils direkt die zugehörige Operation, das Befehlselement, ausgelöst wird. Einige einfache und zusammengesetzte Befehle zeigt das Beispiel 4.2.

Beispiel 4.2: Einige Befehle und ihre Wirkung

A 400	$\langle AC\rangle + \langle 400\rangle \rightarrow AC$	Addition
S 400	$\langle AC\rangle - \langle 400\rangle \rightarrow AC$	Subtraktion
A 4	$\langle AC\rangle + \langle AC\rangle \rightarrow AC$	Addition
L 4	$2 \cdot \langle AC\rangle \rightarrow AC$	Linksschift bewirkt Multiplikation mit 2
RA 4	$\frac{1}{2} \cdot \langle AC\rangle + \langle AC\rangle \rightarrow AC$	Rechtsschift bewirkt Division durch 2/3
NA 400	$\langle 400\rangle \rightarrow AC$	N sperrt Tor $\bar{N}$, dadurch gelangt nur 400 an den Addierer.
NLA 4	$\langle AC\rangle \rightarrow AC$	N blockiert L, so bleibt nur über 4 die uninteressante Reproduktion von AC
E 700	$\langle 700\rangle \rightarrow FB$	Befehlsholvorgang

[33] Zu einer Serienverknüpfung in einem N-stelligen Rechenwerk oder zu einem Serientransport zwischen zwei N-stelligen Registern benötigt man N Taktzeiten. Wie man die Inhalte der N Stellen ein *Wort* nennt, nennt man diese Gesamtverknüpfungszeit eine *Wortzeit*.

EF 200	⟨BZ⟩ → 5 ⟨200⟩ → FB	Unterprogrammsprung. Der Befehlszählerinhalt wird in Speicherzelle 5 abgelegt, der erste Unterprogrammbefehl (hier aus der Zelle 200) nach FB gebracht.
CA 300	⟨AC⟩ + 300 → AC	Das Tor C läßt nur den Adreßteil durch. Hier ist die Adresse 300, so daß 300 zum Akkumulatorinhalt addiert wird.
U 30	⟨AC⟩ → 30	Akkumulatorinhalt wird in Speicherzelle 30 abgelegt.

Grundprogrammsystem

Ein einfacher Aufbau der Operationensteuerung ergibt sich weiter dadurch, daß nur die einfachsten Befehle (an Verknüpfungsbefehlen nur Addition A und Subtraktion S) im Befehlscode vorgesehen sind. Alle komplizierten Befehle wie Multiplikation und Division werden als Unterprogramme realisiert. Ein besonders einfacher Unterprogramm-Aufruf-Befehl EF und ein stets verfügbarer Grundvorrat an Unterprogrammen, das sogenannte *Grundprogramm*, gleichen diesen Mangel aus. Da die Operationensteuerung der komplexen Befehle gewissermaßen vom Grundprogramm übernommen wird, ergibt sich eine große Flexibilität. Der Benutzer kann sich eine seinen Aufgaben angepaßte „Operationensteuerung" in Form eines eigenen Grundprogrammes schaffen.

4.5.1. Struktur und Befehlscode der Minima

Die Beschreibung der Minima stützt sich wesentlich auf das Blockbild der Minima (Abb. 4.12), auf die Liste der Befehlselemente (Tabelle 4.1) und auf die den zeitlichen Ablauf regulierenden Steuerimpulse a, b und c (Abb. 4.13).

Das Blockbild

Wie Abb. 4.12 zeigt, wird ein Befehlswort verwendet, das 26 Binärstellen enthält, wovon 14 auf den Operations- oder Funktionsteil und 12 auf den Adreßteil entfallen. Da zu den Befehlselementen eine Serienaddition gehört und da Serienadditionen beginnend mit der niedrigsten Stelle durchgeführt werden müssen, bauen sich alle Operationen auf Rechtsschiften auf. Weiter ist der Abb. 4.12 zu entnehmen, daß jedem Befehlselement direkt ein Tor zugeordnet ist. Das Tor und die weiteren verwendeten Elemente zeigt die folgende Tabelle:

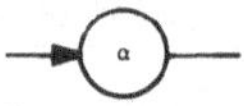	Tor zur Verwirklichung des Befehlselementes α
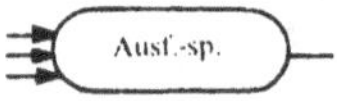	Ausführungssperre
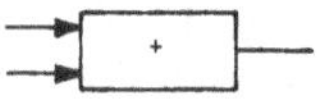	Addierschaltwerk, in dem Zuordner und Übertragsregister (vgl. Abb. 3.2) zusammengefaßt sind.
	Komplementierschaltung zur Bildung des B-Komplementes
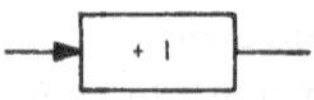	Addierschaltung zur Addition einer 1
	Verzögerungselement, verzögert um eine Taktzeit

Die Minima verfügt über eine Reihe von Registern, die im wesentlichen mit den Registern des klassischen Universalrechenautomaten übereinstimmen, es fehlt hier das Register C, hinzugekommen ist ein Steuerregister ST und ein Zählregister ZZ[34]. Als Speicherregister fungieren Befehlszähler (bei einem F-Befehl) und Akkumulator (bei einem U-Befehl):

[34] Da mit jedem Befehl eine volle Adresse angegeben werden kann, sind die Register ZZ und MQ nicht unbedingt erforderlich. Der Multiplikator kann bei jedem Elementarschritt aus dem Speicher geholt werden, ebenso kann in einer Speicherzelle gezählt werden. Aus diesem Grunde sind MQ und ZZ in Abb. 4.12 dünn gezeichnet.

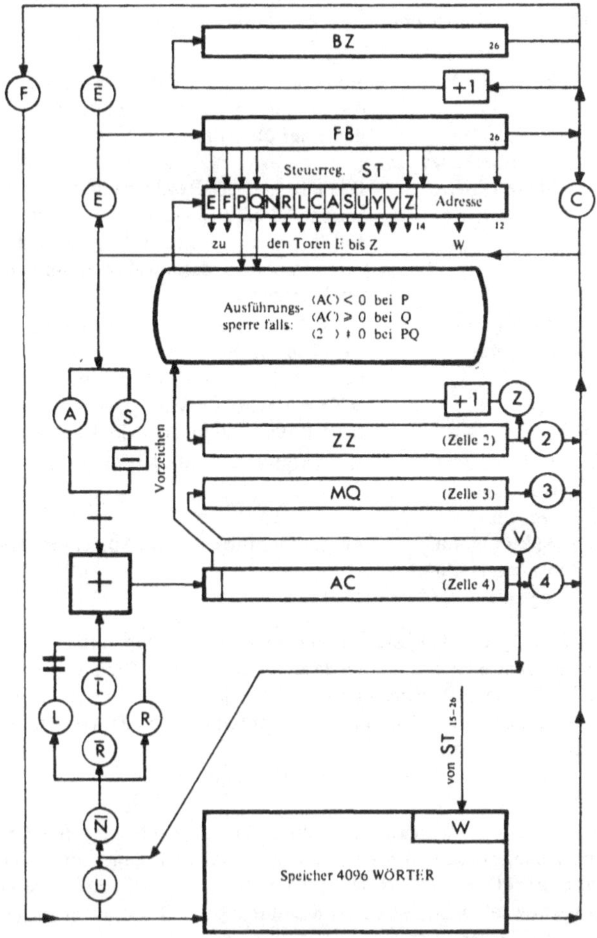

Abb. 4.12: Blockbild der Minima

Befehlszähler (bei einem F-Befehl) und Akkumulator (bei einem U-Befehl):

BZ	Befehlszähler,	er übernimmt anders als Z in Abschnitt 4.4 auch den Operationsteil des Befehles, nicht nur die Adresse.
FB	Befehlsregister	
ST	Steuerregister	Es ist als einziges Register nicht dem seriellen Zyklus unterworfen, es übernimmt die Befehle zur Taktzeit b parallel aus FB und hält sie dann während der ganzen Wortzeit fest.
ZZ	Zählregister oder Zählzelle	ZZ dient zum Zählen von Schleifendurchläufen (Beispiel: Zählen der Additionen bei einer Multiplikation) ⟨ZZ⟩ = o wird als Bedingung verwendet. ZZ ist identisch mit der Speicherzelle 2
MQ	Multiplikator-Quotienten-register	MQ ist identisch mit der Speicherzelle 3
AC	Akkumulator	AC ist identisch mit der Speicherzelle 4
W	Speicherwahl-register	

Da ZZ, MQ, AC als Speicherzellen aufgefaßt werden, kann in diese Register auch mittels U-Befehl geschrieben werden. Die entsprechenden Tore vor den Registern sind der Übersichtlichkeit wegen in Abb. 4.12 weggelassen worden. Sie werden durch das Tor U vor dem Speicher repräsentiert.

Die Befehlselemente

In der Tabelle 4.1 sind zuerst die 14 Befehlselemente aufgeführt und beschrieben, die den 14 Stellen des Operationsteils zugeordnet sind. Zuletzt ist PQ aufgeführt. Da eine Größe nicht gleichzeitig positiv und negativ sein kann, kann die Kombination PQ mit einer neuen Bedeutung belegt werden.

Befehls-elemente	Erläuterungen	Kurzbezeichnung
E	Ein Wort wird vom Speicher in das Befehlsregister transportiert.	Springe
F	Es wird das Wort ⟨BZ⟩ in die Speicherzelle 5 transportiert. Beim Sprung in Unterprogramme wird so die Rückkehradresse aufbewahrt.	... und bewahre Rückkehradresse auf
P	Nur als Zusatzzeichen zu verwenden: der Befehl wird nur dann ausgeführt, wenn der Inhalt des Akkumulators positiv oder gleich Null ist.	..., wenn ⟨AC⟩ positiv
Q	Wie P, jedoch: der Befehl wird nur dann ausgeführt, wenn der Inhalt des Akkumulators negativ ist.	..., wenn ⟨AC⟩ negativ
N	Der normale Kreislauf, bei dem mit jedem Wortintervall der Inhalt des Akkumulators über das Addierwerk und gegebenenfalls über Verzögerungsglieder wieder zurück in den Akkumulator gebracht wird, wird unterbrochen.	... und lösche ⟨AC⟩ oder Lösche ⟨AC⟩ und ...
R	Unter Ausschaltung jeglicher Zusatzverzögerung gelangt der Inhalt des Akkumulators ein Wortintervall später um eine Stelle nach rechts verschoben über das Addierwerk wieder in den Akkumulator.	Verschiebe um eine Binärstelle nach rechts
L	Unter Einschaltung zweier zusätzlicher Verzögerungen gelangt der Inhalt des Akkumulators ein Wortintervall später um eine Stelle nach links verschoben über den Addierer wieder in den Akkumulator.	Verschiebe um eine Binärstelle nach links
C	Der Adreßteil des Befehls gelangt zu den Schaltern A und S, kann daher sinnvoll nur in Verbindung mit diesen Schaltern befohlen werden. (Verbindung mit dem Schalter E ist nicht sinnvoll.)	Bringe Adreßteil nach AC

Befehls-elemente	Erläuterungen	Kurzbezeichnung
A	Ein Wort aus dem Speicher gelangt über das Addierwerk in den Akkumulator. Sofern sich im Akkumulator bereits eine Information befindet, vereinigt sich diese Information additiv mit der aus dem Speicher her kommenden, sofern nicht N befohlen worden ist.	Addiere
S	Ähnlich wie im Falle A wird ein Wort aus dem Speicher geholt. Dieses Wort wird jedoch über ein komplementierendes Element geleitet, so daß dieses Wort diesmal vom Akkumulatorinhalt subtrahiert wird.	Subtrahiere
U	Ein Wort wird aus dem Akkumulator zum Speicher transportiert.	Speichere
Y	Der Befehl soll nur ausgeführt werden, wenn die letzte Stelle von MQ eine Eins enthält.	. . . wenn entscheidende Multiplikatorstelle Eins
V	Der Akkumulator und MQ werden verbunden.	AC und MQ verbunden
Z	Der Inhalt der Zählzelle (Zelle 2) wird um Eins erhöht.	Zählen
PQ	P und Q werden zusammengefaßt. Die ursprünglich widersprüchliche Aussage PQ bedeutet: der Befehl wird nur ausgeführt, wenn der Inhalt der Zählzelle Null ist.	. . . wenn ⟨2⟩ Null

Tabelle 4.1: Befehlselemente der Minima nach *Händler* [1.2]

Die Steuerimpulse

Der gesamte Befehlsablauf beruht auf Zyklen, die etwa eine Wortzeit dauern und in denen die zu transportierende oder zu verknüpfende Information seriell von Register zu Register geschoben und ggf. dabei verknüpft wird. Durch die Stellung der Tore sind die Weichen für diesen Ablauf schon weitgehend gestellt. Für zwei Fälle müssen jedoch weitere Vorkehrungen getroffen werden:

1. Die parallele Übernahme des Befehls von FB nach ST muß abgeschlossen sein, wenn mit der Befehlsausführung begonnen wird.

2. Für Adressenmodifikationen muß es möglich sein, Operations- und Adreßteil zu trennen.

Dies geschieht so, daß man die Wortzeit von den zum Schieben nötigen 26 Taktzeiten auf 30 Taktzeiten erhöht und in diesen 30 Taktzeiten drei zeitliche Bedingungen oder Impulse a, b, c definiert. (Die Definition von a, b, c gibt Abb. 4.13.) Diese drei Bedingungen werden zusätzlich zu den Bedingungen E, F, P, . . ., Z an die einzelnen Tore gelegt und dort konjunktiv verbunden.

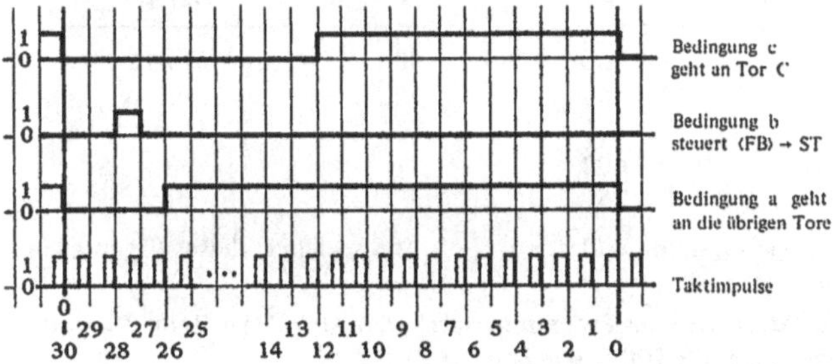

Abb. 4.13: Die zeitlichen Bedingungen a, b, c (Impulsplan der Minima)

Die Bedingung c geht an das Tor C und sorgt dafür, daß es (falls ein Befehl ausgeführt wird, der C enthält) nur 12 Taktzeiten geöffnet ist, also solange wie nötig ist, um den Adreßteil aus FB nach AC (Der Rücktransport mittels E ist sinnlos) zu bringen. Die Bedingung b erscheint zwischen zwei Operationen, während ihres Auftretens wird der Inhalt von FB nach ST übernommen. Die Bedingung a schließlich geht an alle übrigen Tore und gestattet das Operieren mit einem ganzen 26-Bit-Wort.

4.5.2. Die Befehlsschleife

Die Befehlsschleife besteht bei der Minima aus zwei Zyklen. Diese für die Minima charakteristische Eigenschaft kommt daher, daß die Register FB und BZ in Serie geschaltet sind. Am deutlichsten wird dieses Verhalten bei der Betrachtung eines Programmes, das mit einem Sprungbefehl (E-Befehl) gestartet wird, selbst aber keine E-Befehle enthält. Da alle Befehle des Programmes das Tor E sperren und das Tor $\bar{E}$ öffnen, kommt nach FB abwechselnd ein Befehl des Programmes (über E aus dem Speicher) und ein E-Befehl (über $\bar{E}$ aus BZ). Am Beispiel eines kleinen Programmes, das in den Speicherzellen 700 bis 704 steht und mit einem Sprungbefehl endet, wird das deutlich.

Beispiel 4.3: Die Befehlsschleife der Minima

Zelle Nr.	Befehl	Zelle Nr.	Daten
700	NA 600	600	Zahl a
701	A 601	601	Zahl b
702	CS 1	602	Arbeitszelle
703	U 602		
704	E 750		

Dieses Programm bildet a + b - 1 und speichert dieses Ergebnis in die Zelle 602.

Gestartet wird das Programm durch den Aufruf der Zelle 700 mit dem Befehl E 700 (siehe Seite 149).

Zur Beschreibung der Unterprogrammtechnik sei noch ein Beispiel betrachtet, und zwar die Multiplikation durch ein Unterprogramm.

Beispiel 4.4: Multiplikationsprogramm für die Minima

Die Multiplikation baut sich auf mehrfache bedingte Addition und anschließenden Rechtsschift in AC und MQ auf. Als Bedingung fungiert der Inhalt der letzten Stelle von MQ. Die nötigen Befehle sind:

YA 6	bedingte Addition
RV	Rechtsschift in AC/MQ.

Zyklus/ Impuls	⟨ST⟩	⟨FB⟩	⟨BZ⟩	ausgeführte Operation
1 / a		E 700		
b	E 700			
2 / a		NA600	E 701	⟨700⟩ → FB
b	NA600			
3 / a		E 701	(NA 601)	⟨600⟩ → AC
b	E 701			d. h. a → AC
4 / a		A 601	E 702	⟨701⟩ → FB
b	A 601			
5 / a		E 702	(A 602)	⟨AC⟩+⟨601⟩→AC
b	E 702			d.h. a+b→AC
6 / a		CS 1	E 703	⟨702⟩ → FB
b	CS 1			
7 / a		E 703	(CS 2)	⟨AC⟩–⟨Adreß-teil von FB⟩
b	E 703			→ AC
				d.h. a+b–1→AC
8 / a		U 602	E 704	⟨703⟩ → FB
b	U 602			
9 / a		E 704	(U 603)	⟨AC⟩ → 602
b	E 704			
10 / a		E 750	(E 705)	⟨704⟩ →FB
b	E 750			
			E 750	⟨750⟩ → FB

Bemerkungen: Die eingeklammerten Befehlszählerinhalte sind überflüssig, weil ein nachfolgender E-Befehl das Tor $\bar{E}$ sperrt. Sie schaden jedoch auch nicht.

Weiter müssen die 26 nötigen Additionen abgezählt werden. Dies geschieht so, daß - 26 in die Zählzelle gebracht wird, bei jeder Addition eine Eins aufaddiert und nach Null abgefragt wird.

NCS 26	- 26 → AC	
U 2	- 26 → ZZ	(Zelle 2)
Z	⟨ZZ⟩ + 1 → ZZ	
PQ E 5	Nullabfrage und Rücksprung ins Hauptprogramm	

Das Unterprogramm möge in Zelle 100 bis 106 stehen. Dann wird es vom Hauptprogramm mit EF 100 aufgerufen. Der Multiplikator stehe bereits in MQ, der Multiplikand in der Zelle 6.

Hauptprogramm	Unterprogramm	Bemerkungen
⋮		Beim Befehl EF 100 geschieht:
49 ...		
50 EF 100 ——→	100 NCS 26	⟨BZ⟩ → 5 d. h. 51 → 5 durch F
51 ... ←	101 U 2	
	102 YA 6 ←	und ⟨100⟩ → FB durch E
	103 RV	
	104 Z	
	105 PQE 5	Falls ⟨2⟩ ≠ 0, entfällt der Rücksprung. Mit E 102 wird die nächste bedingte Addition YA angesprungen.
	106 E 102	

4.6. Ein- und Ausgabe beim klassischen Universalrechner

Der bisher betrachtete, aus Rechnerkern und Speicher bestehende Universalrechenautomat ist zwar voll arbeitsfähig, wenn Programm und Daten bereits gespeichert sind. An einen sinnvollen Einsatz sind jedoch zusätzliche Forderungen zu stellen:

a) Die von einem Programm mit vorgegebenen Daten ermittelten Ergebnisse müssen dem Benutzer bekanntgegeben werden *(Ausgabe)*.

b) Für neue Aufgaben müssen neue Daten und Programme in den Rechner gebracht werden können *(Eingabe)*.

Beim Universalrechenautomaten wird die Steuerung der Ein- und Ausgabevorgänge vom Leitwerk durchgeführt. Die Abwicklung einer Aufgabe geht in drei zeitlich hintereinanderliegenden Abschnitten vonstatten:

1. *Eingabe-Phase.* Das Eingabegerät läuft und gibt Daten oder/und Programme in den Rechner. Dort werden sie abgespeichert. Im allgemeinen verläuft dieser Vorgang so: Gesteuert durch einen Eingabebefehl werden ein oder mehrere Zeichen vom Eingabegerät in den Akkumulator transportiert. Ein Speicherbefehl besorgt anschließend das Abspeichern.

2. *Arbeits-Phase.* Programm und Daten sind gespeichert. Das Rechenwerk verarbeitet die Daten unter der Leitung des Leitwerkes gemäß dem Programm.

3. *Ausgabe-Phase.* Das Ausgabegerät läuft und übernimmt (i. a. aus dem oder über den Akkumulator) die Ergebnisse vom Rechner.

Die einzugebende oder ausgegebene Information muß für den Benutzer zu entziffern sein. Fast ausschließlich wird geschriebener Text[35] verwendet, der entweder auf Papier geschrieben (Textzeile auf der Lochkarte, Fernschreibprotokoll, etc.) oder auf einem Sichtschirm dargestellt wird.

Die wichtigsten Eingabe- und Ausgabegeräte sind:

1. *Das Bedienungspult* (Ein- und Ausgabe):
Am Bedienungspult kann man über Tasten oder Schalter die Inhalte einiger Register löschen und setzen. Über Lämpchen oder Ziffernanzeigeeinheiten können die Inhalte dieser Register beobachtet werden.

[35] Es gibt auch Geräte zur Ein- und Ausgabe gezeichneter Information: zur Ausgabe Kurven- und Punktschreiber und Sichtgeräte, zur Eingabe Sichtgeräte mit Lichtgriffel oder rollender Koordinatenkugel.

2. *Lochstreifenleser* (Eingabe):
Ein Lochstreifenleser gehört meist zur Standardausrüstung eines Rechenautomaten. Der Informationstransport erfolgt *parallel* für ein Zeichen (5, 6, 7 oder 8 Bit). Geschwindigkeit: 50 bis 1000 Zeichen/s.

3. *Lochstreifenstanzer* (Ausgabe):
Geschwindigkeit 20 bis 300 Zeichen/s, sonst wie 2).

4. *Fernschreibgeräte* (Ein- und Ausgabe):
Fernschreiber haben *serielle* Informationsübernahme und -übergabe. Als Sender wirkt die Tastatur, als Empfänger das Druckwerk. Werden Fernschreiber in Zusammenhang mit Parallelrechnern verwendet, muß ein Register vorgesehen werden, in dem sowohl serielle als auch parallele Informationsübernahme und -übergabe möglich sind. Geschwindigkeit: 10 Zeichen pro Sekunde (75 Baud).

5. *Lochkartenleser* (Eingabe):
Lochkartenleser lesen i. a. parallel Spalte für Spalte (12 Bit). Geschwindigkeit 30–300 Spalten/s.

6. *Lochkartenstanzer* (Ausgabe):
Geschwindigkeit 15–20 Spalten/s, sonst wie 4).

7. *Zeilendrucker* (Ausgabe):
Zeilendrucker dienen in Rechenzentren als schnelle Ausgabegeräte. Die Zeichen einer Zeile werden nahezu gleichzeitig gedruckt, es gibt nur noch einen Zeilenvorschub. Eine Zeile enthält 70 bis 150 alphanumerische Zeichen. Geschwindigkeit: 5 bis 20 Zeilen/s bei mechanischen Zeilendruckern.

8. *Kurven- und Punktschreiber* (Ausgabe):
Es gibt eine ganze Reihe solcher Geräte. Das Spektrum reicht von Verfahren, die Feder, Tinte und Papier verwenden, bis zu Licht- und Elektronenstrahloszillographen.

5. Programmierung

Ein *Programm* ist eine Folge von Befehlen oder Anweisungen an einen Rechenautomaten zur automatischen Bearbeitung eines Problems. Unter der *Programmierung* eines Problems versteht man die Aufstellung eines Programmes, das dieses Problem löst. Die Programmierung besteht aus zwei Teilaufgaben:

1. **Die Analyse des Problems** und dessen Zerlegung in einfache, von einem Rechenautomaten lösbare Teilprobleme. Dabei kommt es zunächst noch gar nicht darauf an, mit welchem Rechenautomaten gearbeitet werden soll. Es ist also sinnvoll, diese Zerlegung in einer Form zu beschreiben, die maschinenunabhängig ist. Besonders geeignet und auch üblich ist die Beschreibung eines Programmes mit den von Goldstine und von Neumann eingeführten *Flußdiagrammen.* Ein Flußdiagramm ist eine graphische Darstellung der Struktur eines Programmes. Die wichtigsten Elemente eines Flußdiagrammes sind [5.6]:

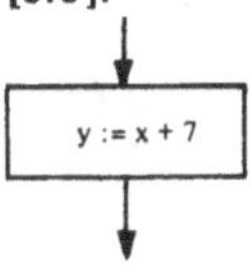

Allgemeine Anweisungen, Verarbeitungsvorgänge (process) werden dargestellt durch ein Rechteck mit einem Eingang und einem Ausgang. Die Anweisung wird in das Kästchen geschrieben.

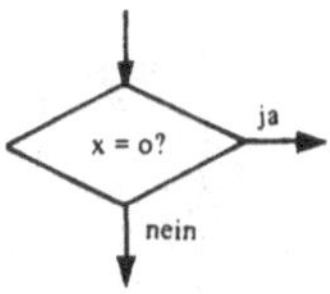

Verzweigungen (decision) sind dargestellt durch eine Raute mit einem Eingang und zwei (gelegentlich auch drei und mehr) Ausgängen. In der Raute steht die Verzweigungsbedingung.

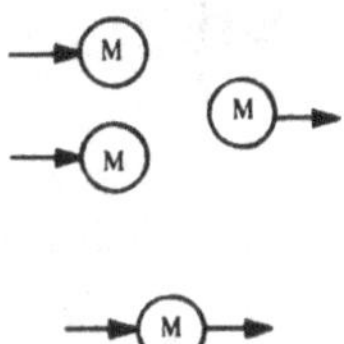

Übergangs- oder Anschlußstellen (connector) dienen dazu, Verbindungen anzugeben, ohne daß eine Verbindungslinie gezogen werden muß. Es kann mehrere Eingangskreise, aber nur einen Ausgangskreis geben. Gelegentlich wird ein Kreis auch einzeln benutzt. Er dient dann der Markierung einer Stelle M im Flußdiagramm. Das Zeichen wird deshalb auch *Marke* genannt.

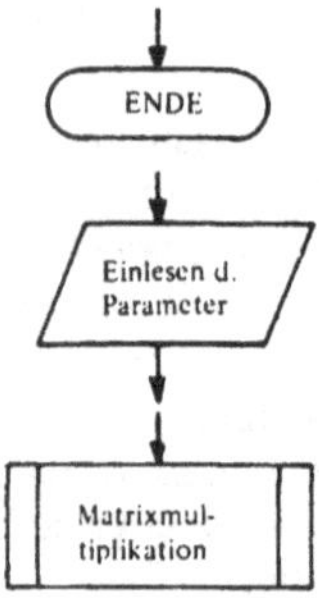

Grenzstellen (terminal) markieren Anfang, Ende oder Unterbrechung von Programmen oder Programmstücken.

Ein- und Ausgabeoperationen (input/output) werden in einem Parallelogramm angegeben. (Der Verkehr mit Hintergrundspeichern wird ebenfalls als E/A-Vorgang aufgefaßt.)

Unterprogramme (predefined process) kennzeichnet man durch ein Rechteck mit seitlichen Doppelbalken.

Abb. 5.1: Elemente von Flußdiagrammen

Mit diesen Elementen lassen sich die vier wesentlichen Strukturelemente eines Programmes bilden: lineare Programmstücke, Schleifen, Verzweigungen und Unterprogrammsprünge. Die Darstellung in Abb. 5.2 zeigt, wie die einzelnen Programmteile im Speicher liegen (dicke Linien) und wie sie durchlaufen werden (Pfeile bzw. dünne Linien).

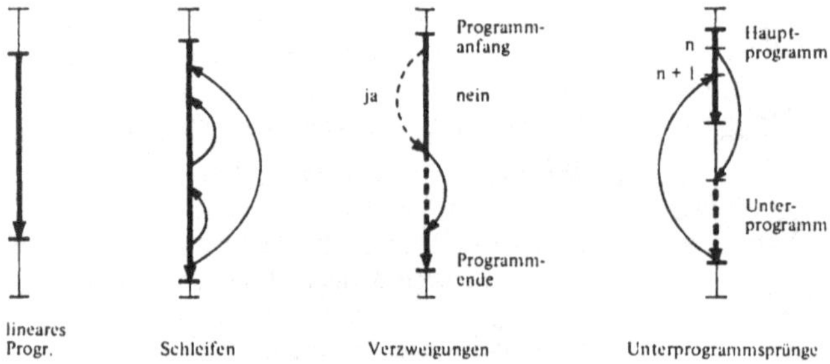

Abb. 5.2: Strukturelemente von Programmen

2. **Die Formulierung des Problems** in einer dem Rechenautomaten verständlichen Sprache ist die zweite Teilaufgabe. Eine ***Sprache*** besteht aus Wörtern und grammatikalischen Regeln, nach denen die Wörter zu Sätzen verknüpft werden. Die Menge dieser Regeln nennt man die ***Syntax*** der Sprache. Die Wörter und damit die Sätze haben i. a. Bedeutung. Die Zuordnung der Bedeutung zu den Wörtern und Sätzen nennt man die ***Semantik*** der Sprache [5.5].

Man unterscheidet verschiedene Arten von Rechnersprachen, die jeweils durch ihre Syntax und Semantik charakterisiert sind, neben der eigentlichen Maschinensprache noch die maschinenorientierten und problemorientierten Sprachen (vgl. Abschnitt 5.2.1, 5.2.2 und 5.2.3).

Ein Beispiel soll die Bedeutung von Syntax und Semantik als Aussage über Form und Sinn hervorheben[36]. Die Syntax der maschinenorientierten Sprache der in Abschnitt 4.5 behandelten Minima, im folgenden kurz *Minima-Sprache* genannt, besteht aus den Regeln:

1. Ein Befehlswort besteht aus einem Funktionsteil (14 Bit) und einem Adreßteil (12 Bit).
2. Der Adreßteil kann eine der natürlichen Zahlen von 0 bis 4095 sein.
3. Der Funktionsteil kann aus einem oder mehreren Befehlsbuchstaben (eine Eins in der oder den betreffenden Stellen) bestehen.

Nach diesen Regeln sind beide der folgenden Minimabefehle syntaktisch richtig, einen Sinn hat aber nur der erste, nur er ist semantisch richtig.

LA4	Linksschift von ⟨A⟩ und anschließende Addition zu ⟨A⟩.
NLA4	Der durch L zu bewirkende Linksschift wird durch N blockiert.

[36] Zur Beschreibung einer Sprache, die Vorgänge in einem Rechner steuert, verwendet man zusätzlich Aussagen über die Wirkung, die *Pragmatik*. Sie gibt an, welche Wirkung ein Befehlswort hat. Z. B. hat der Minimabefehl A 100 die Wirkung:
⟨100⟩ + ⟨A⟩ → A

5.1. Eine Metasprache zur Beschreibung der Syntax von Rechnersprachen

Oben wurde die Syntax der Minima-Sprache mit Hilfe der Umgangssprache als Zwischensprache ***verbal*** beschrieben. Mit einer formalen Zwischen- oder Metasprache[37], bestehend aus drei Zeichen, läßt sie sich auch ***formal*** beschreiben.

⟨ ⟩ Die spitzen Klammern sind Zeichen der Metasprache.

Die in den Klammern stehenden Begriffe gehören nicht zur Metasprache, dienen aber ebenfalls der Beschreibung. Man nennt die eingeklammerten Begriffe ***metalinguistische Variablen.***

::= Dieses Zeichen wird gelesen als „bestehend aus". Mit „::=" ordnet man einer metalinguistischen Variablen einen oder mehrere Werte zu. Z. B. wird die metalinguistische Variable ***Ziffer*** so definiert:

Ziffer ::= 0 | 1 | 2 | 3 | 4 | 5 | 6 | 7 | 8 | 9

| Dieses Zeichen bedeutet „oder".

Wie man die Syntax einer Rechnersprache mit einer Metasprache beschreibt, wird an einem Beispiel am deutlichsten. Hier soll als Beispiel die schon bekannte Minima-Sprache gewählt werden.

Die Syntax der Minima-Sprache:

⟨Adreßteil⟩	::=	0 | 1 | 2 | 3 | 4 | . . . | 4094 | 4095
⟨Befehlsbuchstabe⟩	::=	E|F|P|Q|R|L|N|C|A|S|U|Y|V|Z
⟨Trennzeichen⟩	::=	Wagen-Rücklauf | Zeilensprung | Zwischenraum
⟨Funktionsteil⟩	::=	⟨Befehlsbuchstabe⟩ | ⟨Funktionsteil⟩ ⟨Befehlsbuchstabe⟩
⟨Befehl⟩	::=	⟨Funktionsteil⟩ | ⟨Funktionsteil⟩ ⟨Adreßteil⟩

37 Diese Metasprache wurde zur Beschreibung der Sprache ALGOL geschaffen. Sie wird nach einem bzw. zweien der Verfasser *Backus*-Notation bzw. *Backus-Naur-Form* genannt [5.1].

⟨Programm⟩ ::= ⟨Befehl⟩ |
⟨Programm⟩ ⟨Trennzeichen⟩ ⟨Befehl⟩

In der Definition der metalinguistischen Variablen ⟨Funktionsteil⟩ und ⟨Programm⟩ stehen dieselben Variablen auch auf der rechten Seite, d. h. die Definition ist ***rekursiv.*** So kann z. B. der Funktionsteil EFQ durch anfügen des Befehlsbuchstaben F an den Funktionsteil E und durch Anfügen von Q an den neugebildeten Funktionsteil EF gebildet werden:

$\langle\text{Funktionsteil}\rangle_1$ ::= E

$\langle\text{Funktionsteil}\rangle_2$ ::= $\langle\text{Funktionsteil}\rangle_1$ ⟨Befehlsbuchstabe⟩
::= E F

$\langle\text{Funktionsteil}\rangle_3$ ::= $\langle\text{Funktionsteil}\rangle_2$ ⟨Befehlsbuchstabe⟩
::= EF Q

5.2. Programmiersprachen

5.2.1. Maschinensprachen

Unter der ***Maschinensprache*** oder dem ***Maschinencode*** versteht man die Menge aller Befehle, die in einem Rechner durch eine entsprechende Konstruktion von Funktionsentschlüsselung, Operationensteuerung, Rechenwerk und E/A-Werk vorgesehen sind. Man spricht auch von ***verdrahteten*** Befehlen. Die Befehle, Maschinenbefehle genannt, sind Bitmuster, die vom Befehlswerk des Rechners direkt als Befehl akzeptiert und verstanden werden. So bewirkt bei der Minima das Bitmuster 00100000100000 die durch P bedingte Ausführung einer Addition A. Da Maschinenbefehle ohne jede Umformung der Funktionsentschlüsselung zugeführt werden, müssen i. a. sämtliche Adressen Nummern der gewünschten Speicherzellen, also ***absolute Adressen*** sein. Nur wenn schon bei der Konstruktion der Maschinenbefehle auch ein Adressierungsmodus vorgesehen wurde, der relativ zu der aktuellen Adresse wirkt, kann mit ***relativen Adressen*** gearbeitet werden. Jede Programmänderung erfordert deshalb eine Überprüfung der Adreßteile. Ein weiterer Nachteil von Maschinencode ist die Unübersichtlichkeit von Maschinenbefehlen und -programmen.

Die meisten Rechner haben Befehlscodes mit voll verschlüsseltem Funktionsteil F, der nur wenige Binärstellen (etwa 4 bis 8) benötigt, und anschließendem Adreßteil B.

F	B

Da die Befehle in demselben Speicher wie die Daten untergebracht werden, stehen für F und B N, 2N, 3N, ... Binärstellen, also 1, 2, 3, ... Wortlängen des betreffenden Rechners zur Verfügung. Während F bei allen Befehlen den Funktionscode enthält, und i. a. eine feste Länge hat, kann der Inhalt von B in Abhängigkeit von F, also bei verschiedenen Befehlen verschiedene Bedeutung haben. Insbesondere kann der Inhalt von B ein Operand sein (Befehl ohne Adresse), eine Adresse (direkte Adressierung), die Adresse einer Adresse (indirekte Adressierung) oder eine um den Inhalt eines Indexregisters IX zu erhöhende Adresse (indizierte Adressierung). Die indizierte Adressierung kann sich i. a. der direkten und indirekten Adressierung überlagern (vgl. Beispiel 5.1).

Beispiel 5.1: Adressierungsarten.

Für einen Additionsbefehl, dessen 6-stelliger Funktionsteil das Bitmuster 011 sowie drei Bit für die Adressierungsart (000: keine Adr., 001: dir. Adr., 010: indir. Adr., 101: indizierte, dir. Adr., 110: indiz., indir. Adr.) enthalten möge, ergeben sich fünf Varianten, die unter folgenden Voraussetzungen betrachtet seien:

(1) Die gesamte Wortlänge sei 12 Bit.

(2) Der Inhalt des Akkumulators A vor der Addition sei
$(000\ 000\ 010\ 001)_2 = (17)_{10}$

(3) Der Inhalt des Indexregisters IX sei
$(000\ 000\ 000\ 011)_2 = (3)_{10}$

(4) Die benutzten Speicherzellen mögen folgende Inhalte haben:
$\langle 11 \rangle = (000\ 111\ 100\ 011)_2 = (483)_{10}$
$\langle 35 \rangle = (000\ 000\ 101\ 000)_2 = (\ 40)_{10}$
$\langle 50 \rangle = (000\ 000\ 100\ 011)_2 = (\ 35)_{10}$
$\langle 53 \rangle = (000\ 000\ 001\ 011)_2 = (\ 11)_{10}$

(5) Der Inhalt von B sei in allen Fällen $(110\ 010)_2 = (50)_{10}$

Add. keine Adr.

011000	110010
F	B

$$\langle A \rangle + \langle B \rangle \rightarrow A$$
$$\Rightarrow \langle A \rangle = 17 + 50 = 67$$

dir. Adr.

011001	110010

$$\langle A \rangle + \langle\langle B \rangle\rangle \rightarrow A$$
$$\langle B \rangle = 50$$
$$\langle 50 \rangle = 35$$
$$\Rightarrow \langle A \rangle = 17 + 35 = 52$$

indir. Adr.

011010	110010

$$\langle A \rangle + \langle\langle\langle B \rangle\rangle\rangle \rightarrow A$$
$$\langle\langle B \rangle\rangle = 35$$
$$\langle 35 \rangle = 40$$
$$\Rightarrow \langle A \rangle = 17 + 40 = 57$$

dir. indiz. Adr.

011101	110010

$$\langle A \rangle + \langle\langle B \rangle + \langle IX \rangle\rangle \rightarrow A$$
$$\langle B \rangle + \langle IX \rangle = 53$$
$$\langle 53 \rangle = 11$$
$$\Rightarrow \langle A \rangle = 17 + 11 = 28$$

indir. indiz. Adr.

011110	110010

$$\langle A \rangle + \langle\langle\langle B \rangle + \langle IX \rangle\rangle\rangle \rightarrow A$$
$$\langle\langle B \rangle + \langle IX \rangle\rangle = 11$$
$$\langle 11 \rangle = 483$$
$$\Rightarrow \langle A \rangle = 17 + 483 = 500$$

Nicht bei allen Befehlen kommt man mit einem Befehlswort aus. Dann wird von vornherein festgelegt, daß bei gewissen Funktionscodes auch die in dem oder den folgenden Speicherplätzen stehende Information noch Teil des Befehles ist. Um nicht allzu unverbindlich bleiben zu müssen, seien einige Befehle einer wirklich existierenden Rechenanlage, der CD-3300[38] beschrieben.

[38] Ein Rechner der Firma Control Data Corporation, St. Paul, Minnesota.

Auszug aus dem Befehlscode der CD-3300 [5.7]:

Die CD-3300 hat eine Wortlänge von 24 Bit, der Funktionsteil umfaßt 6 Bit, wobei die Angabe der Adressierungsart bei einfachen Speicherbefehlen in Sonderpositionen a, b (3 Stellen zwischen F und B) erfolgt.

F (23–18)	a (17)	b (16 15)	B (14–0)

Bei den hier betrachteten Befehlen wird stets direkte Adressierung (a = 0) und keine Indizierung (b = 0) vorausgesetzt. Neben dem reinen Maschinencode, den Bitmustern, ist in der ersten Spalte der von CDC gewählte Mnemocode[39] angegeben, auf den in Abschnitt 5.2.2 zurückgegriffen wird.

Mnemocode mit Erläuterung	Befehlswort	Erläuterungen
STA	100 000 | a | b | m	$\langle A \rangle \rightarrow m$
Store A		Abspeichern des Akkumulatorinhaltes nach der Speicherzelle m
STQ	100 001 | a | b | m	$\langle MQ \rangle \rightarrow m$
Store MQ		Abspeichern des Multiplikatorquotientenregisters in die Speicherzelle m
LDA	010 000 | a | b | m	$\langle m \rangle \rightarrow A$
Load A		Laden des Akkumulators mit dem Inhalt der Speicherzelle m
LDAQ	010 101 | a | b | m	$\langle m \rangle \rightarrow A$
Load A, MQ		$\langle m+1 \rangle \rightarrow MQ$ Laden der Register A und MQ mit den Inhalten der Zellen m und m + 1

[39] Als Gedächtnisstütze dienende Abkürzungen (griech. Mneme-Gedächtnis).

Mnemocode mit Erläuterung	Befehlswort	Erläuterungen
UJP	000 001 | a | b | m	
Unconditional Jump		Unbedingter Sprung zur Adresse m
DVA	101 001 | a | b | m	⟨A, MQ⟩ : ⟨m⟩ Quotient → A Rest → MQ
Divide A		Ganzzahlige Division mit Rest. Bei einem Divisionsfehler, z. B. Division durch Null, erfolgt nach Fehlermeldung ein Übergang zum nächsten Befehl des Programmes. Die bei der Division entstandenen Inhalte von A und MQ bleiben unberücksichtigt.
CON	111 111 | 000 | ch | x	
Connect		x → E/A-Steuereinheit am Kanal ch ch := E/A-Kanal-Nummer; ch := 0 | 1 | . . . | 7 x := Nr. der E/A-Steuereinheit (Bit 9 bis 11) und Nr. des E/A-Gerätes (Bit 0 bis 8) Dieser Befehl sendet einen E/A-Anschlußcode x von 12 Bit Länge zu dem angegebenen Kanal ch und von dort zu dem E/A-Steuergerät mit der angegebenen Nummer. Kann die E/A-Steuereinheit innerhalb von 100 μs die gewünschte Verbindung herstellen, so wird der Befehlszähler um 1 auf P + 2 erhöht (P: Adresse des Befehls CON). Andernfalls wird mit dem Befehl in Adresse P + 1 fortgefahren. Der Befehl CON enthält also zusätzlich einen bedingten Sprung.

Mnemocode mit Erläuterung	Befehlswort	Erläuterungen

SEL

111 111	001	ch	x

Select Function

x → Geräte-Steuereinheit

ch := E/A-Kanal-Nr.;
ch := 0 | 1 | . . . | 7

x := Geräte-Befehl

Wenn durch den Verbindungsbefehl CON der Kontakt zu einer Geräte-Steuereinheit hergestellt ist, kann durch den Befehl SEL ein Gerätebefehl übermittelt werden, der angibt, was das angesprochene Gerät tun soll. Ein Beispiel ist $x = (0002)_8$; dieser Befehl führt zur Auswahl des Kartenlesers. Steht das angegebene Gerät für die gewünschte Operation innerhalb von 100 μs zur Verfügung, so wird wie beim Befehl CON der nächste Befehl übersprungen.
SEL hat denselben Funktionscode wie CON. Die Unterscheidung erfolgt durch die Stellen 15 bis 17.

INPW

Word-Adressed Input to Storage

p	111 100	0	00	n
p + 1	ch α		00	m

Dieser Befehl umfaßt zwei Wörter, er bewirkt die Eingabe eines Datenblockes in den Speicher. Dabei bedeuten:

n := Die um 1 erhöhte Adresse des letzten Wortes des einzugebenden Datenblockes

m := Adresse des ersten Wortes des einzugebenden Datenblockes

ch := E/A-Kanal-Nummer

α := Angaben über Verhalten bei Unterbrechungen, Richtung des Speicherns, Datenformate usw.

Mnemocode mit Erläuterung — Befehlswort — Erläuterungen

OUTW

Word-Adressed Output from Storage

p

111 110	0	00	n

p + 1

ch	0	α	00	m

Analog zu INPW besorgt OUTW die Ausgabe eines Datenblockes.

CVDB

Convert BCD to Binary

p

110 110	0	r

p + 1

000		m	00

p + 2

s	000 000 000 000

Der Dreiwort-Befehl CVDB bewirkt die Umwandlung von s binär verschlüsselten Dezimalzahlen in eine 48-stellige Dualzahl ($s \leqslant 14$). Diese Dualzahl wird in die Zellen m und m + 1 gespeichert. Es bedeuten:

r := Adresse der obersten Stelle der Dezimalzahl

α := Indizierungsangaben

CVBD

Convert Binary to BCD

p

110 110	0	m

p + 1

001	n

p + 2

000 0

Die in m und m + 1 stehende 48-stellige Dualzahl wird in eine binär verschlüsselte Dezimalzahl konvertiert. Diese wird in ein Feld abgespeichert, das mit der Adresse n der höchsten Dezimalstelle beginnt und vier Wörter für die maximal 14 Dezimalziffern umfaßt.

Mnemocode mit Erläuterung	Befehlswort Erläuterungen
UCS	111 111 | 111 111 | 000 000 000 000
Unconditional Stop	Unbedingter Haltbefehl
NOP	000 010 |
No Operation	Leerbefehl, bewirkt lediglich das Fortschalten des Befehlszählers.

Beispiel 5.2: Ganzzahlige Division als Maschinenprogramm.

Als Beispiel für ein Programm in Maschinensprache, ein ***Maschinenprogramm***, sei folgendes sehr einfache Problem behandelt:
Zwei natürliche Zahlen I und K werden über den Kartenleser der CD-3300 eingelesen. Die Ergebnisse einer ganzzahligen Division I ÷ K, der ganzzahlige Quotient und der Rest sind mit den zusätzlichen Kommentaren *I/K =* und *Rest:* in folgender Form über Zeilendrucker auszugeben:

I/K = Quotient *Rest:* Rest

Das Programm selbst beginnt in der Zelle $(54)_8$ und geht bis zur Zelle $(116)_8$. Die Speicherplätze 0 bis $(53)_8$ dienen als Datenbereich für die Operanden, die Ergebnisse und die Kommentare. Um die Übersicht zu verbessern, sind statt der 0/1-Muster Oktalzahlen angegeben (z. B. statt des Bitmusters
101 001 000 000 000 000 011 111 für den Divisionsbefehl die Oktalzahl 51000037) und rechts in einer Hilfsspalte der Mnemocode. Dieser zeigt insbesondere, welche Befehle mehrere Wörter beanspruchen. Ganz links sind die Adressen oktal angegeben.
Zwei Charakteristika von Programmen in Maschinensprache, die ***Unübersichtlichkeit*** (trotz oktaler Darstellung) des Maschinencodes und die ***Starrheit*** des Programms (jeder Sprung muß auf feste Speicherplätze, ***absolute Adressen*** gerichtet sein) treten deutlich hervor.

Absolute Adressen (oktal)	Inhalt der Speicherzellen (Befehle bzw. Daten)	Mnemocode	Erläuterungen	
00000			*Pufferbereich für Eingabe*	Daten
00024	01606060			
00025	31614260		*I/K =*	*Pufferbereich für Ausgabe*
00026	13606060			
00027			*Zelle für den Quotienten*	
00030	60512562			
00031	63601360		*REST:*	
00032	60606060			
00033			*Zelle für Rest*	
00034			*Speicherzellen für Zwischenergebnisse*	
00036				
00040				
00042				
00044	*Funktionscode*			
00050				
00054	14000000	NOP	*Einlesen in den Eingabe-Puffer*	Programm
00055	77015670	CON		
00056	01000055	UJP		
00057	77110002	SEL		
00060	01000057	UJP		
00061	74000024	INPW		
00062	10000000			
00063	01000061	UJP		
00064	66000000	CVDB	*Konvertierung in Dualzahlen* $(I, K)_{dezim.} \rightarrow (I, K)_{dual}$	
00065	00000160			
00066	00040000			
00067	66000004	CVDB		
00070	00000170			
00071	00040000			

Absolute Adressen (oktal)	Inhalt der Speicherzellen (Befehle bzw. Daten)	Mnemocode	Erläuterungen	
00072	25000034	LDAQ	*Division* $I \div K$	Programm
00073	51000037	DVA		
00074	41000043	STQ		
00075	40000041	STA		
00076	66000200	CVBD	*Konvertierung dual → dezimal*	
00077	10000220			
00100	00000000			
00101	66000210	CVBD		
00102	10000240			
00103	00000000			
00104	20000047	LDA	*Ergebnisse → Ausgabepuffer*	
00105	40000027	STA		
00106	20000053	LDA		
00107	40000033	STA		
00110	77020000	CON	*Ausgabe*	
00111	01000110	UJP		
00112	77120001	SEL		
00113	01000112	UJP		
00114	76000034	OUTW		
00115	20000024			
00116	77770000	UCS	*HALT*	

5.2.2. Maschinenorientierte Sprachen

Maschinenorientierte Sprachen oder Assembler-Sprachen sind wie Maschinensprachen maschinenabhängig. Ein für einen Rechner A geschriebenes Programm kann auf einem Rechner B mit anderem Befehlscode nicht ausgeführt werden. Assemblersprachen lehnen sich eng an den Maschinencode der betreffenden Maschinen an. Zu jedem Befehl wird ein leicht merkbarer Name, der *Mnemocode* eingeführt (vgl. Mnemocode der CD-3300 in Beispiel 5.2). Die Übersetzung eines Assemblerprogrammes in ein Maschinenprogramm wird von einem *Übersetzungsprogramm, dem Assembler,* durchgeführt. Jede Anweisung in Assemblersprache entspricht höchstens einem Maschinenbefehl. Der Assembler besorgt auch einige organisatorische Aufgaben wie die Umrechnung von Adressen.

Assemblersprachen sind mehr als Maschinencodes mit umbenannten Befehlen:

1. Neben den Befehlen, die jeweils einem Bitmuster des Maschinencodes entsprechen, gibt es noch *Pseudobefehle,* für die das nicht gilt. Befehle und Pseudobefehle heißen *Anweisungen.*

2. *Adressen* können *relativ* geschrieben werden. Die Adresse ist eine Zahl, die addiert zu einer Anfangsadresse die absolute Adresse ergibt.

3. *Adressen* können *symbolisch* geschrieben werden.
Statt eine Nummer anzugeben, darf man eine Adresse symbolisch durch einen Namen darstellen. Dieser Name besteht aus einer i. a. mit einem Buchstaben beginnenden Kette aus Buchstaben und Ziffern. Mögliche Namen sind A, A1, TEST, SR 53. Der Assembler ordnet dem Namen beim ersten Auftreten eine absolute Adresse zu und verwendet diese bei jedem weiteren Aufruf dieses Namens.

Beispiel 5.3: Symbolische Adressierung.

Eine Zählgröße ν soll im Speicher abgelegt werden. Statt die Speicherzelle, in der ν abgelegt werden soll, festzulegen und sich die Adresse zu merken, gibt man ihr einfach einen Namen (z. B. N) und ruft sie stets unter diesem Namen auf.

STA N Deponiere den Akkumulatorinhalt in N
LDA N Lade den Inhalt von N in den Akkumulator.

Als Beispiel für ein Assemblerprogramm betrachten wir wieder die ganzzahlige Division. Alle Adressen sind symbolisch angegeben. Neben den schon eingeführten Befehlen treten noch einige Pseudobefehle auf:

BSS m — ist ein Pseudobefehl, der beginnend mit der aktuellen Adresse hintereinander m Wörter als Datenbereich reserviert.

OCT $m_1, m_2, \ldots, m_n$ — charakterisiert die Konstanten $m_1, m_2, \ldots, m_n$ als Oktalzahlen.

BCD, C $n, c_1, c_2, \ldots, c_n$ — speichert die Zeichen c_i in aufeinanderfolgenden Speicherplätzen ab, beginnend mit der aktuellen Adresse. In jedes Wort werden vier Zeichen gespeichert.

Beispiel 5.4: Ganzzahlige Division als Assemblerprogramm.

Absolute bzw. relative Adressen (oktal)	Symbolische Adressen	Befehle (Mnemocode)	Adressenfeld	Erläuterungen	
00000	**EINB**	**BSS**	**20**	*Pufferbereich für Eingabe*	Daten
00024	**BLANKS**	**OCT**	**01606060**	*Pufferbereich für Ausgabe*	
00025		**BDD,C**	**8,I/K =**		
00026					
00027	**ERG**	**BSS**	**1**		
00030		**BCD,C**	**12, REST =**		
00031					
00032					
00033	**REST**	**BSS**	**1**		
00034	**IBIN**	**BSS**	**2**	*Speicherplätze für Zwischenergebnisse*	
00036	**KBIN**	**BSS**	**2**		
00040	**QBIN**	**BSS**	**2**		
00042	**RESTBIN**	**BSS**	**2**		
00044	**QN**	**BSS**	**4**		
00050	**RESTN**	**BSS**	**4**		

Absolute bzw. relative Adressen (oktal)	Symbolische Adressen	Befehle (Mnemocode)	Adressenfeld	Erläuterungen	
00054	ANF	NOP		*Einlesen der Operanden I und K*	Programm
00055	CONCR	CON	3000,1		
00056		UJP	CONCR		
00057	SELCR	SEL	2,1		
00060		UJP	SELCR		
00061	INCR	INPW	1,EINB,EINB+20		
00062					
00063		UJP	INCR		
00064		CVDB	EINB,0,4,IBIN,0	*Konvertierung dez. → dual*	
00065					
00066					
00067		CVDB	EINB+4,0,4,KBIN,0		
00070					
00071					
00072		LDAQ	IBIN	*Division I ÷ K*	
00073		DVA	KBIN+1		
00074		STQ	RESTBIN+1		
00075		STA	QBIN+1		
00076		CVBD	QBIN,0,QN,0	*Konvertierung dual → dez.*	
00077					
00100					
00101		CVBD	RESTBIN,0,RESTN,0		
00102					
00103					
00104		LDA	QN+3	*Ergebnisse → Ausgabepuffer*	
00105		STA	ERG		
00106		LDA	RESTN+3		
00107		STA	REST		
00110	CONLP	CON	0,2	*Ausgabe*	
00111		UJP	CONLP		

Absolute bzw. relative Adressen (oktal)	Symbolische Adressen	Befehle (Mnemocode)	Adressenfeld	Erläuterungen
00112	SELLP	SEL	1,2	*Ausgabe* } Programm
00113		UJP	SELLP	
00114	OUTLP	OUTW	2,BLANKS,BLANKS+8	
00115				
00116		UCS		*HALT*

5.2.3. Problemorientierte Sprachen

Unabhängig von bestimmten Rechenanlagen sind die problemorientierten Sprachen. Sie wurden für die Formulierung von Aufgaben aus bestimmten Problemkreisen geschaffen. Die Sprachelemente dieser Programmiersprachen haben keinen Bezug zu den Befehlscodes bestimmter Rechner, vielmehr sind sie so festgelegt, daß sich Aufgaben aus dem betrachteten Problemkreis einfach und übersichtlich formulieren lassen.

Programme in einer problemorientierten Sprache müssen wie Assembler-Programme in ein Maschinenprogramm übersetzt werden, um auf einem Rechner ausgeführt werden zu können. Die Übersetzung führt ein kompliziertes Übersetzungsprogramm, der *Compiler*, durch. Dieser übernimmt neben den Adressenrechnungen, die auch der Assembler durchführt, noch die Übersetzungen der Vereinbarungen und Anweisungen. Eine Anweisung wird dabei i. a. in mehrere Maschinenbefehle übersetzt.

Insbesondere werden dem Benutzer ständig wiederkehrende Routinearbeiten, wie der Aufbau von Schleifen oder die Programmierung von Standardfunktionen abgenommen, was den Programmieraufwand bei Benutzerprogrammen wesentlich reduziert (vgl. Beispiel 5.4 und 5.5).

Für den Compiler muß dagegen ein höherer Programmieraufwand geleistet werden als für einen Assembler. Dieser Aufwand entsteht jedoch nur einmal, so daß sich heute das Programmieren in problemorientierten Sprachen weitgehend durchgesetzt hat.

Die Programme in problemorientierten Sprachen bestehen im allgemeinen aus:

Vereinbarungen über Art und Struktur der verwendeten Größen, *Steueranweisungen*, die den Programmablauf bestimmen und *eigentlichen Anweisungen*, die aus den Operationen des betrachteten Problemkreises aufgebaut sind [5.5].

Beispiele für algebraisch-arithmetisch orientierte Sprachen sind ALGOL (Algorithmic Language) [5.1] und FORTRAN (Formula Translation System) [5.9], die Sprache COBOL (Common Business Oriented Language) für kaufmännische Aufgaben, für Listenverarbeitung die Sprache LISP (List Processor) [5.8].

Am Beispiel von ALGOL sei kurz beschrieben, wie Vereinbarungen und Anweisungen aussehen. Eine Beschreibung der Sprache ALGOL findet man in dem „Revised Report" [5.10], bei *Güntsch* [5.2] und bei *Schneider/Jurksch* [5.3]. In diesem Zusammenhang kommt es nur darauf an, die charakteristischen Züge einer problemorientierten Sprache darzustellen und einen Vergleich eines ALGOL-Programmes für die ganzzahlige Division mit den entsprechenden Maschinen- und Assemblerprogrammen (vgl. Beispiel 5.2, 5.4) zu ermöglichen.

Die Kennzeichnung und Adressierung von Programmstellen erfolgt durch *Namen*, die Kennzeichnung von Speicherplätzen für die Information durch einfache oder indizierte *Variablen*.

Vereinbarungen:

Vereinbarungen geben an, wie die Variablen beschaffen sind. Diese Angaben benötigt der Compiler, um die für die betreffende Variable erforderlichen Speicherplätze bereitstellen zu können. Einfache Variable beschreibt man durch *Typenvereinbarungen*. Zum Beispiel besagt

'INTEGER' I, K, Q, R,

daß die Variablen I, K, Q und R als ganze Zahlen aufzufassen sind. Indizierte Variable sind durch *Feldvereinbarungen* zu beschreiben:

'REAL' 'ARRAY' A [1:10, 0:3]

gibt an, daß die Variable A zweifach indiziert ist und daß der erste Index von 1 bis 10, der zweite von 0 bis 3 läuft.

Steueranweisungen:

Steueranweisungen bestimmen den Programmablauf, die Programmstruktur (vgl. Abb. 5.2).
Die ***Sprunganweisung***

'GO TO' ⟨Marke⟩

bewirkt einen Sprung zu der angegebenen Marke. Der Sprung kann bedingt sein:

'IF' ⟨Vergleich⟩ 'THEN' 'GO TO' ⟨Marke⟩.

Die ***Laufanweisung***

'FOR' I:= 1 'STEP' 1 'UNTIL' 10 'DO' ⟨Anweisung⟩

bewirkt die zehnmalige Ausführung der auf die Laufanweisung folgenden Anweisung.

Eigentliche Anweisungen:

Die eigentlichen Anweisungen der arithmetisch-algebraischen Sprache ALGOL bewirken vor allem die Berechnung von Funktionswerten und von Werten arithmetischer Ausdrücke. Eine Reihe häufig benötigter Funktionen sind in ALGOL ohne weiteres verfügbar[40]. Die berechneten Werte der Ausdrücke und Funktionen werden über eine Wertzuweisung (Symbol: :=) einer Variablen zugeordnet.

[40] Man nennt diese Funktionen Standardfunktionen. Dazu gehören abs(x), sign(x), squrt(x), sin(x), cos(x), arctan(x), ln(x), exp(x). Die Programme zur Berechnung der Funktionswerte einer dieser Standardfunktionen werden einfach durch den Namen der entsprechenden Funktion aufgerufen.
Z. B. y := squrt(x), wenn $\sqrt{x}$ gesucht ist.

⟨Variable⟩ := ⟨Ausdruck⟩
Q := I ÷ K

Bei der Bildung der Ausdrücke stehen folgende arithmetischen Operatoren zur Verfügung: Addition (+), Subtraktion (-), Multiplikation (*), Division (/), ganzzahlige Division (÷), Potenzierung (↑).

Wie beträchtlich die Erleichterungen sind, die eine problemorientierte Sprache gegenüber der Assemblersprache oder gar der Maschinensprache bietet, zeigt folgendes Beispiel:

Beispiel 5.5: Ganzzahlige Division als ALGOL-Programm.

```
'BEGIN'
    'INTEGER' I, K, Q, R;
    INPUT (60,'("")', I, K);
    Q := I ÷ K;
    R := I-Q*K;
    OUTPUT (61,'("('I/K=')',N,'('REST:')',N")'Q,R);
'END'
```

Das ALGOL-Programm umfaßt nur 7 Zeilen gegenüber 50 Zeilen beim Assemblerprogramm. Die Verwaltung von Pufferbereichen (vgl. Pseudobefehle BSS und BCD,C in Beispiel 5.4) entfällt. Die gesamte Eingabe wird in einer INPUT-Anweisung bewältigt. Sie hat die Form:

INPUT (Geräte Nr., Format, Variablenliste)

Hier handelt es sich um den Kartenleser (Gerät 60), ein Standardformat und die Variablen I und K. Da ALGOL maschinenunabhängig ist, kann kein Gebrauch davon gemacht werden, daß die ganzzahlige Division in der CD-3300 als Maschinenbefehl existiert und der Rest nach der Division in MQ schon bereitsteht. Der Rest R muß also mittels

R := I - Q * K

eigens berechnet werden.

Bei der Ausgabe ist in den Formatteil der OUTPUT-Anweisung noch Text *I/K=* und *Rest:* aufgenommen. Die beiden *N* bedeuten, daß es sich um ein Standardformat handelt.

Mit eingegebenen Werten I=5 und K=2 erfolgt auf dem Zeilendrucker folgende Ausgabe:

$$\mathbf{I/K} = \underbrace{\qquad\quad \mathbf{+2}}_{l} \qquad \mathbf{Rest..}\ \underbrace{\qquad\quad \mathbf{+1}}_{l}$$

Dabei ist l die Länge einer Zahl im Standardformat. Nach dem Text Rest werden zwei Punkte gedruckt, da der entsprechende Zeilendrucker keinen Doppelpunkt drucken kann.

6. Entwicklungstendenzen bei modernen Rechenautomaten

Der klassische Universalrechenautomat ist so konzipiert, daß er der Forderung nach Universalität mit einem minimalen Aufwand gerecht wird. So bewältigt das Leitwerk sämtliche Steuerungsaufgaben, von der Steuerung des Programmablaufes und der Rechenwerksbefehle bis zu der der Ein-Ausgabevorgänge. Das Verfahren, jeden Teil des Rechenautomaten nur einmal vorzusehen und zu jedem Zeitpunkt nur eine Aktivität zuzulassen, ist zwar sehr elegant und übersichtlich, es hat jedoch zwei Nachteile:

1. Der Ausfall eines Werkes führt zum Ausfall des gesamten Rechners. Die *Zuverlässigkeit* des Rechners ist also von der Zuverlässigkeit aller seiner Teile bestimmt.

2. Die einzelnen Werke sind nur zeitweise aktiv. Besonders kraß ist die *Rechenleistung* des klassischen Universalrechenautomaten durch Ein-Ausgabevorgänge beschränkt, die an mechanische Geräte gebunden nur sehr langsam ablaufen und deshalb große Wartezeiten für Speicher- und Rechenwerk hervorrufen. So könnten in der Zeit, in der ein Zeichen über einen Fernschreiber ausgegeben wird (ca. 100 ms), etwa 100 000 Additionen durchgeführt werden.

Versuche zur Erhöhung der Zuverlässigkeit sind in Abschnitt 6.1 kurz dargestellt, Maßnahmen zur Leistungssteigerung in Abschnitt 6.2.

Neben diesen mehr technischen Weiterentwicklungen des klassischen Universalrechners sind Programme zur Bedienung von Rechnern und zur Organisation des Arbeitsablaufes zu einem entscheidenden Bestandteil moderner Rechner geworden. Auf diese ***Systemprogramme*** geht der Abschnitt 6.3 ein.

6.1. Erhöhung der Zuverlässigkeit von Rechnern

Digitale Schalt- und Speicherelemente sind so zuverlässig, daß fast alle Rechner jeden Informationsweg, jede verknüpfende oder speichernde Einheit nur einmal enthalten. Den gelegentlichen Totalausfall des Rechners wegen kleinerer Störungen nimmt man aus wirtschaftlichen Gründen bei den meisten Anwendungsgebieten in Kauf. Nur bei Aufgaben, wo ein Ausfall der Rechenanlage katastrophale Folgen hätte, wird höherer Aufwand zugunsten größerer Zuverlässigkeit akzeptiert (Flugsicherung). Neben technischen Maßnahmen zur Konstruktion zuverlässigerer Bauelemente lassen sich logische Maßnahmen treffen. Jedoch sind alle Versuche in dieser Richtung wegen des großen Aufwandes vorläufig Ansätze geblieben.

Redundante Schaltkreise

Man kann die Zuverlässigkeit im Kleinen erhöhen, indem man Schaltkreise verwendet, die Fehler erkennen und korrigieren können. Fehlererkennung und -korrektur sind aber nur möglich, wenn mehr Information transportiert und verarbeitet wird, als unbedingt nötig ist, wenn also Redundanz vorhanden ist.

Größere Sicherheit bei der Übertragung bieten redundante Verschlüsselungen der zu übertragenden Information (vgl. Hamming-Code, Abschnitt 1.8). Zuverlässigere Verknüpfungen sucht man in Anlehnung an Nervennetze mit ***Schwellwertlogik*** zu erreichen.

Polymorphe Rechnersysteme

Die Zuverlässigkeit läßt sich aber auch dadurch erhöhen, daß man mehrere Verarbeitungs-, Speicher- und Ein-Ausgabewerke vorsieht. Ein System aus solchen Rechner-, Speicher- und E/A-Werken bietet dann größere Zuverlässigkeit, wenn es so organisiert ist, daß beim Ausfall eines Werkes zwar die Leistung des Systems sinkt, aber ein totaler Ausfall vermieden wird *(fail soft)*. Die intakten Werke müssen also die Arbeit des defekten Werkes mitübernehmen.

Hat das System eine derart veränderliche Struktur, daß sich Werke beliebigen Typs und beliebiger Anzahl (es muß allerdings von jedem Typ mindestens ein Exemplar vorhanden sein, damit das System arbeitsfähig ist) zu einem Netzwerk zusammenfügen lassen, so spricht man von einem ***Polymorphen Rechnersystem***. In einem solchen System muß es zum Beispiel möglich sein, einerseits eine Konfiguration aus mehreren „unabhängigen" Rechnern zu bilden, andererseits ein Netz von Werken, in dem jedes mit jedem zusammenarbeitet.

Polymorphe Rechnersysteme mit veränderlicher Struktur befinden sich noch im Stadium der Entwicklung. Dagegen gibt es bereits Rechnersysteme, bei denen Organisations-, E/A-Steuerungs- und Verarbeitungsaufgaben den einzelnen Werken *fest* zugeteilt sind.

6.2. Steigerung der Rechenleistung

Die Rechenleistung ist seit den Anfängen der Rechnerentwicklung sehr stark angestiegen, was zum Teil auf technische Verbesserungen[41], zum anderen auf Struktur- und Organisationsänderungen der Rechner und ihrer Werke zurückzuführen ist[42]. Allein auf letztere wird hier eingegangen.

[41] Von Röhrenflipflops mit einer Taktfrequenz von maximal 1 MHz und Arbeitsspeichern mit einer mittleren Zugriffszeit von 10 ms (Trommelspeicher) in der Mitte der fünfziger Jahre steigerte sich bis 1969 die Geschwindigkeit von Flipflops um den Faktor 100 und von Arbeitsspeichern um den Faktor 10 000 (Kernspeicher mit 1 μs Zykluszeit).

[42] Technische und strukturelle Änderungen zusammen ergaben eine Steigerung der Rechenleistung um den Faktor 10^4, wenn man die Zuse Z 22 mit ca. 100 Operationen pro Sekunde modernen Hochleistungsrechnern gegenüberstellt, die 10^6 Operationen pro Sekunde leisten.

6.2.1. Leistungssteigerung im Speicherwerk

Für die Rechengeschwindigkeit ist bis heute die Zugriffszeit des Arbeitsspeichers bestimmend geblieben, weil die Elemente des Rechnerkerns, die logischen Schaltungen und Flipflops, mit etwa 10 ns Verzögerungszeit pro Element wesentlich schneller arbeiten als die Arbeitsspeicher, die nur Zykluszeiten von etwa 1 μs erreichen.

Bei dem Versuch, einen schnelleren Arbeitsspeicher zu konstruieren, liegt es nahe, die Schaltgeschwindigkeit des Speichers zu steigern. Der heute als Arbeitsspeicher dienende Ferritkernspeicher widersetzt sich aber diesem Vorhaben wegen der relativ langen Schreib- und Leseleitungen und der Schalteigenschaften der Ferritkerne. Die Erfolge mit kleineren Ferritkernspeichern von etwa 0,1 μs Zykluszeit ändern an dieser Feststellung nichts, da oft Arbeitsspeicher von mehreren hunderttausend Speicherplätzen erforderlich sind.

Es bleiben noch ***organisatorische Maßnahmen.*** Eine Geschwindigkeitssteigerung um etwa einen Faktor f läßt sich in linearen Programmen durch ***Speicherverschränkung,*** auch ***überlappter Zugriff*** genannt, erzielen. Dazu benötigt man f Speicherblöcke mit kompletter Ansteuerung. In diesen Speichern legt man die Adressen so fest, daß alle Adressen 1 mod f im ersten, 2 mod f im zweiten usw. Speicherblock liegen. Mit einem linearen Programm durchläuft man auf diese Weise zyklisch alle f Speicherblöcke. In jedem Speicherblock muß nur die Zugriffszeit abgewartet werden, das Wiedereinschreiben der beim Lesen zerstörten Information kann erfolgen, während in den nächsten Speicherblöcken gelesen wird. Üblich ist eine zwei- bis achtfache Verschränkung.

Genügt eine solche Geschwindigkeitssteigerung den Anforderungen noch nicht, so bleibt nur die Möglichkeit, zwischen Arbeitsspeicher und Rechnerkern einen ***Flipflop-Pufferspeicher*** zu schalten, in den man die Befehle und Daten einspeichert, die vermutlich als nächste benötigt werden (look-ahead-Speicher). Die Realisierungen solcher Pufferspeicher gehen von nur wenigen bis zu mehreren tausend Registern.

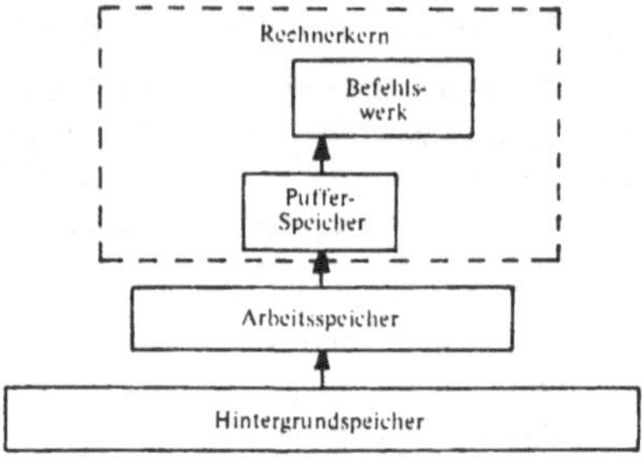

Abb. 6.1: Speicherhierarchie mit Pufferspeicher

Die Frage, wie groß man einen solchen Pufferspeicher zu wählen hat, damit man möglichst nahe an die Leistung eines „idealen" Speichers, also eines Pufferspeichers von der Größe des Arbeitsspeichers herankommt, wurde wohl am gründlichsten bei der Planung des Rechners IBM/360-85 behandelt [6.4]. Das Modell 85 sieht einen 1 μs-Arbeitsspeicher von 100 000 bis 1 000 000 Wörtern vor. Der Arbeitszyklus des Rechnerkerns beträgt 80 ns, dieselbe Zykluszeit wurde für einen in den Rechnerkern eingegliederten Pufferspeicher von 4000 bis 8000 Speicherplätzen gewählt. Simultationsergebnissen zufolge darf man erwarten, daß man mit diesem Pufferspeicher etwa 80 % der Leistung eines „idealen" Speichers erreicht und daß die Wahrscheinlichkeit, eine beliebige, gesuchte Information bereits im Pufferspeicher vorzufinden, 0,968 beträgt.

Zu der Forderung nach einem möglichst schnellen Speicher tritt noch die nach einem möglichst gut organisierten. In modernen Rechnern stehen stets mehrere Programme gleichzeitig im Speicher (s. Abschnitt 6.2.3).

Im dynamischen Ablauf verändert sich der Speicherbedarf der Programme, die verschiedenen Programme werden zu verschiedenen Zeiten fertig. Dadurch ergibt sich schnell eine Situation, bei der freie Speicherbereiche über den ganzen Arbeitsspeicher verteilt sind. Um die freien Speicherbereiche für neue Programme nutzbar zu machen, faßt man sie entweder zu einem zusammenhängenden Bereich zusammen (dynamische Programmverschiebung) oder man teilt den Speicher von vornherein in sogenannte ***Seiten*** ein (paging). Jedem Programm wird nach Bedarf eine Anzahl von Seiten zugeteilt, die im Speicher nicht hintereinander liegen müssen. Näheres findet man bei P. P. Spies [6.2].

6.2.2. Leistungssteigerung im Rechenwerk

Alle Rechenoperationen basieren auf der Addition. Versuche, die Leistung im Rechenwerk zu steigern, werden also damit beginnen, diese Additionen möglichst schnell ablaufen zu lassen.

Den Hauptteil der Additionszeit nimmt die Übertragsverarbeitung in Anspruch. Das Problem besteht also darin, diese zu beschleunigen.

Die einfachste, aber auch langsamste Lösung eines Paralleladdierers ist die mit durchlaufendem Übertrag. Im ungünstigsten Fall muß der Übertrag durch alle N Stellen laufen. Ist τ die zur Bildung von Summe s und Übertrag c (carry) erforderliche Zeit[43], so ist die Additionsdauer $N \cdot \tau$. Statt die Information über einen einlaufenden Übertrag c_ν über alle vorher zu bildenden c_μ ($\mu = 0, 1, 2, \ldots, \nu - 1$) zu beziehen, kann man direkt von den Operanden A_λ, B_λ ($\lambda = 0, 1, 2, \ldots, \nu$) ausgehen und den in die ν-te Stelle einlaufenden Übertrag gesondert ermitteln. Auf diese Weise kommt man auf Additionszeiten, die etwa bei einem Viertel der oben genannten Zeit liegen.[44]

Analoge Betrachtungen führen bei Multipliziererwerken mit entsprechendem Aufwand dazu, die signifikanten Einsen im Multiplikatorquotientenregister insgesamt und nicht nacheinander zu betrachten.

[43] Mit integrierten Volladdierern, also Zuordnern mit 3 Eingängen A_ν, B_ν, $C_{\nu-1}$ und zwei Ausgängen S_ν und C_ν erreicht man Verknüpfungszeiten von etwa 10 ns.

[44] Stand der Technik bei Hochleistungsrechnern sind gegenwärtig Additionszeiten von etwa 60 ns und Multiplikationszeiten von etwa 400 ns bei etwa 60 Bit Wortlänge.

Die Rechengeschwindigkeit kann weiter gesteigert werden, indem man mehrere solcher Addier- bzw. Multiplizierwerke vorsieht, die unabhängig voneinander arbeiten können. Bei Hochleistungsrechnern ist dieser Weg eingeschlagen worden. So besitzt z. B. der Rechner IBM/360-70 vier nebeneinander arbeitende Verknüpfungswerke, ein Hauptaddierwerk (64 Bit parallel), ein Exponentenaddierwerk (8 Bit parallel), ein Dezimaladdierwerk (8 Bit parallel) und ein Adressenaddierwerk (24 Bit parallel).

Existieren mehrere Hauptaddierwerke, können also mehrere Programme echt nebeneinander arbeiten, so spricht man von *Mehrfachverarbeitung* (multi-processing).

6.2.3. Organisation der Ein- und Ausgabe

Ein sehr schneller Arbeitsspeicher und schnelle Verarbeitungswerke steigern die Leistung eines Rechners beträchtlich. Den größten Leistungsgewinn gegenüber dem klassischen Universalrechner bringt jedoch eine vom Hauptleitwerk unabhängige Ein-Ausgabesteuerung. Sie ermöglicht die *Verzahnung von Programmen* (multi-programming), eine Betriebsart, bei der mehrere Programme $P_1, P_2, P_3, \ldots$ gleichzeitig aktiviert sind. Eines von ihnen (z. B. P_1) verfügt aktuell über den Rechnerkern[45], und zwar solange, bis ein Ein-Ausgabebefehl, kurz E/A-Befehl auftritt. Dieser Befehl wird vom Betriebssystem an die E/A-Steuerung weitergegeben und der Rechnerkern dem nächsten Programm P_2 zugeteilt. Die E/A-Steuerung steuert und überwacht den E/A-Vorgang, bis er abgeschlossen ist, in eigener Regie und sendet anschließend ein Fertigsignal an das Betriebssystem. Dieses entscheidet, ob P_1 sofort (Unterbrechung von P_2) oder erst später das Rechenwerk wieder zugeteilt bekommt. In der Art dieser E/A-Steuerung hat sich ein gewisser Standard herausgebildet, der hier kurz beschrieben werden soll.

[45] Die Auswahl des Programmes, das den Rechnerkern als erstes zugeteilt bekommt, erfolgt nach Gesichtspunkten, die im Betriebssystem (vgl. Abschnitt 6.3) festgelegt sind, z. B. das Programm mit der kürzesten Ausführungsdauer als erstes.

E/A-Kanäle

Die oben erwähnten selbständigen E/A-Steuerungen haben den Namen E/A-Kanal oder kurz *Kanal* erhalten. Die Kanäle haben wie der Rechnerkern die Fähigkeit, zum Arbeitsspeicher zuzugreifen und Programme auszuführen, allerdings nur sehr spezielle, nämlich Programme, die E/A-Vorgänge vorschreiben (Kanalprogramme).

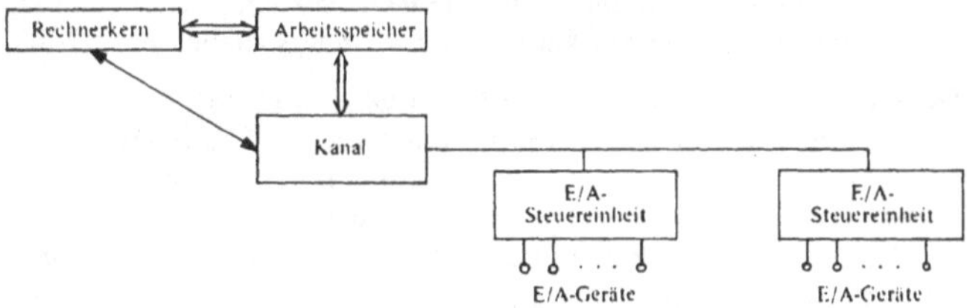

Abb. 6.3: E/A-Organisation mit Kanälen

Die Regieübernahme vom Rechnerkern an den Kanal erfolgt durch einen E/A-Startbefehl, der angibt, wo das auszuführende Kanalprogramm gespeichert ist. Sobald der Kanal bestätigt hat, daß er selbst und das verlangte E/A-Gerät frei sind, wird der Rechnerkern freigegeben und kann sich einem anderen Programm zuwenden. Der E/A-Kanal führt das Kanalprogramm – meistens Datentransfer zwischen Arbeitsspeicher und E/A-Gerät – aus. Sobald das Kanalprogramm ausgeführt ist, unterbricht der Kanal das gerade im Rechnerkern arbeitende Programm und meldet seinen Zustand mit einem *Kanalstatuswort.*

Ein Kanal kann mehrere hunderttausend Zeichen pro Sekunde übertragen. Solche Übertragungsraten werden aber nur von Magnettrommel, -platte oder -band erreicht. Alle anderen E/A-Geräte, insbesondere Fernschreiber, arbeiten sehr viel langsamer. Um die Fähigkeiten des Kanals auch beim Anschluß solcher Geräte auszunutzen, verwendet man sogenannte *Multiplexkanäle,* die sich im Zeitmultiplexbetrieb, also zyklisch nacheinander, mehreren E/A-Geräten (bis zu mehreren hundert) zuwenden [6.3].

6.2.4. Leistungskriterien

Die Leistungsfähigkeit eines Rechners beschreibt man dadurch, daß man einige typische Aufgaben zusammenstellt und untersucht, wie lange der Rechner zu ihrer Durchführung benötigt. Im einfachsten Fall wird nur untersucht, wie lange die Durchführung einiger typischer Operationen bzw. typischer Programme dauert (Gibson-Mix bzw. GAMM-Mix). Umfangreichere Tests beurteilen zusätzlich noch die organisatorischen Fähigkeiten eines Rechners (Benchmark-Test).

Der Gibson-Mix wurde 1955 von *J. Gibson* angegeben. Inzwischen gibt es eine ganze Reihe von Definitionen, die alle Gibson-Mix genannt werden. Bei einer häufig verwendeten Definition wird eine Standardoperation definiert, die sich aus zwölf Operationen O_i ($i = 1, 2, \ldots, 12$) zusammengesetzt, die mit den Gewichten g_i belegt sind, wobei gilt:

$$\sum_{i=1}^{12} g_i = 1$$

	Operationstyp O_i	Gewicht g_i
O_1 :	Festkomma-Addition und Subtraktion	$g_1 = 0{,}330$
O_2 :	Festkomma-Multiplikation	$g_2 = 0{,}006$
O_3 :	Festkomma-Division	$g_3 = 0{,}002$
O_4 :	Gleitkomma-Addition und Subtraktion	$g_4 = 0{,}073$
O_5 :	Gleitkomma-Multiplikation	$g_5 = 0{,}040$
O_6 :	Gleitkomma-Division	$g_6 = 0{,}016$
O_7 :	Worttransport	$g_7 = 0{,}175$
O_8 :	Indexmodifikation	$g_8 = 0{,}190$
O_9 :	Bedingter Sprung	$g_9 = 0{,}065$
O_{10}:	Vergleich	$g_{10} = 0{,}040$
O_{11}:	Schift (6 Bits)	$g_{11} = 0{,}046$
O_{12}:	Logische Operationen	$g_{12} = 0{,}017$

Tabelle 6.1: Operationstypen im Gibson-Mix

Die Leistungsfähigkeit einer Rechenanlage wird durch die Zeit T_{GB} (angegeben in μs) beschrieben, die zur Ausführung dieser Gibson-Standard-Operation benötigt wird:

$$T_{GB} = \sum_{i=1}^{12} \begin{pmatrix} \text{Ausführungsdauer} \\ \text{von } O_i \text{ in } \mu s \end{pmatrix} \cdot g_i$$

T_{GB} nennt man *mittlere Operationszeit* nach Gibson.

Der **GAMM-Mix** geht auf eine Empfehlung des GAMM-Fachausschusses „Programmierung" zurück. Hier dienen die Rechenzeiten t_i von 5 kleinen Programmen als Maßstab.

t_1 Rechenzeit für die Berechnung des Wertes für ein Polynom 10. Grades nach Horner,

t_2 Rechenzeit für die Berechnung des Skalarproduktes zweier Vektoren mit 30 Komponenten,

t_3 Rechenzeit für die Summenbildung zweier Vektoren mit 30 Komponenten,

t_4 Rechenzeit für 5 Iterationsschritte bei der Berechnung einer Quadratwurzel nach Newton,

t_5 Rechenzeit für die Bestimmung der betragsgrößten Komponente eines Vektors von 100 Komponenten.

Mit diesen t_i definiert man eine „mittlere Operationszeit" T_{GM} (angegeben in μs):

$$T_{GM} = \frac{t_i}{100} + \frac{t_2}{300} + \frac{t_3}{150} + \frac{t_4}{75} + \frac{t_5}{1500}$$

Da hier Programme und nicht Operationen betrachtet werden, hat man auch die Möglichkeit, die Leistungsfähigkeit der Compiler zu untersuchen, indem man die Programme in einer problemorientierten Sprache schreibt.

Der Benchmark-Test. Man gibt eine größere Anzahl von Programmen P_i mit Rechenzeiten $\tau_i \leqslant \tau$ $(i = 1, 2, \ldots, M)$ in den Rechner und mißt die Belegzeit T_B, in der der Rechner durch diesen Stapel von Aufgaben belegt ist. Es wird dem Rechner überlassen, in welcher

Reihenfolge und Verschachtelung die einzelnen Programme bearbeitet werden. Damit kommt in der Größe von T_B auch das Organisationstalent des Rechners zum Ausdruck.

Beispiel 6.1: Vergleich von Bewertungskriterien

Zwei Rechner R_1 und R_2 vergleichbarer Größenordnung wurden nach den angeführten Leistungskriterien untersucht. Dabei ergab sich recht deutlich, wie problematisch Bewertungsmaßstäbe sind. Während nach dem Gibson-Mix beide Rechner gleichwertig sind, widersprechen sich GAMM-Mix und Benchmark-Test.

	Gibson-Mix	GAMM-Mix		Benchmark-Test
	T_{GB} [μs]	ALGOL T_{GM} [μs]	FORTRAN T_{BM} [μs]	für $M = 70$, $\tau = 2$ min T_B [min]
R_1	3.83	102	31	25
R_2	3.63	22	14	34

6.3. Systemprogrammierung

Zu Beginn der Rechnerentwicklung wurden Rechner so betrieben, daß der Benutzer – oft war es der Erbauer des Rechners selbst – an der Maschine die gesamte Bedienung des Rechners und die Überwachung des Programmablaufes besorgte. Diese Art der Bedienung ist aus zwei Gründen sehr schwerfällig und unbefriedigend:

1. Die Erstellung der Maschinenprogramme ist äußerst mühselig, schon erstellte Programme sind schwer zu überschauen, Korrekturen führen wegen der absoluten Adressierung leicht zu neuen Fehlern (vgl. Abschnitt 5.2.1).

2. Die Bedienung der Maschine, also das Laden der nacheinander auszuführenden Programme und die Überwachung des Rechners während des Programmablaufes überfordern einen Menschen. Zu groß ist die Häufigkeit und Vielfalt der erforderlichen Eingriffe. Wegen der sehr großen Diskrepanz zwischen der Reaktionsgeschwindigkeit von Mensch und Maschine treten große und teure Zeitverluste auf.

Aus diesem Grund wird heute zu jedem elektronischen Gerät „Rechner" (engl.: ***hardware***) eine Reihe von ***Systemprogrammen*** (engl.: ***software***) entwickelt und mitgeliefert. Die Bedeutung dieser Systemprogramme ist so groß, daß man unter einem Rechnersystem stets das elektronische Gerät (hardware) mit den zugehörigen Systemprogrammen (software) versteht. Die Systemprogramme lassen sich in zwei große Untergruppen einteilen, die Steuer- und Arbeitsprogramme. Bei letzteren sei nur auf die größten Vertreter, die Übersetzer, eingegangen.

Systemprogramme
(operating system)

Betriebssystem	Arbeitsprogramme
Gesamtheit aller Steuerprogramme	Übersetzer, sonstige Dienstleistungsprogramme

Übersetzungsprogramme

Übersetzungsprogramme, oft kurz ***Übersetzer*** genannt, sind maschinenabhängige Programme, die maschinenorientierte bzw. problemorientierte Programme ***(Quellenprogramme)*** in ein Maschinenprogramm ***(Objektprogramm)*** übersetzen. Übersetzer für Programme in maschinenorientierter bzw. problemorientierter Sprache nennt man ***Assembler*** bzw. ***Compiler*** (vgl. Abschnitt 5.2.2 und 5.2.3). Ein Quellenprogramm in problemorientierter Sprache wird in einem oder mehreren Schritten übersetzt, beispielsweise zuerst in eine Assembler-Fassung, die dann als Quellenprogramm für den Assembler aufgefaßt und zu einem Objektprogramm in Maschinencode übersetzt wird. Assembler und Compiler sind umfangreiche Programme. Bei dem Rechner CD-3300 belegt der Assembler für die Sprache COMPASS 13 303, der FORTRAN-Compiler 42 865, der ALGOL-Compiler 28 385 und der COBOL-Compiler 27 561 Speicherplätze[46]. Die Übersetzer eröffnen dem Benutzer des Rechners die Möglichkeit, maschinen- oder problemorientierte Sprachen zu verwenden und bewältigen damit die unter 1. genannten Schwierigkeiten.

Steuerprogramme

Die unter 2. geschilderten Schwierigkeiten verbieten manuelle und verlangen programmgesteuerte Bedienung, Arbeitsorganisation und Überwachung.

Organisationsprogramme, die den Arbeitsablauf steuern und überwachen, nennt man *Steuerprogramme.* Die Gesamtheit der Steuerprogramme, die zusammen mit den Eigenschaften der Rechenanlage eine oder mehrere Betriebsarten des Rechners ermöglichen, nennt man ein ***Betriebssystem*** oder ***Betriebsprogramm.*** Betriebssysteme sind noch umfangreicher als Compiler. So beansprucht das komplette Betriebssystem „MASTER" der CD-3300 78 621 Speicherplätze. Davon befindet sich aber nur ein Kern (resident part) von etwa 22 000 Befehlen dauernd im Arbeitsspeicher.

Das Betriebssystem hat bei größeren, modernen Rechnern unter anderem folgende Aufgaben:

Es muß das Einlesen der zu rechnenden Programme steuern und die Aktivierung der auf Ausführung wartenden Programme organisieren.

Es muß aktivierte, zu übersetzende Programme dem Übersetzer zuführen und die Übersetzung in Objektprogramme starten. Es muß

[46] Der Umfang dieser Programme liegt in der Größenordnung der Arbeitsspeichergröße vieler Maschinen. Damit der Arbeitsspeicher dadurch nicht blockiert wird, holt man entweder nur die jeweils benötigten Teile des Übersetzungsprogramms aus dem Hintergrundspeicher *(Segmentierung)* oder führt die Übersetzung in mehreren Schritten durch (Überlagerungstechnik, overlay). Die jeweiligen Zwischenergebnisse werden in einem Arbeitsspeicherbereich (common) für die folgenden Schritte bereitgestellt. Der ALGOL-Compiler der CD-3300 zum Beispiel arbeitet mit fünffacher Überlagerung, übersetzt also in fünf Schritten.

ladefähige[47] Objektprogramme in den Arbeitsspeicher *laden* und sie starten.

Es muß den Programmablauf der gestarteten Programme überwachen, dabei auftretende Fehlermeldungen analysieren und eine entsprechende Fehlerbehandlung durchführen.

Parallel zu allen diesen Tätigkeiten läuft die ebenfalls durchzuführende Verwaltung der vorhandenen *Betriebsmittel.* Darunter versteht man neben Geräten (z. B. E/A-Geräten) auch den Bedarf an Arbeits- und Hintergrundspeichern und an Systemprogrammen. Wie die Arbeit im Detail organisiert und überwacht wird, welche Betriebsarten möglich sind, hängt sehr stark von der Konzeption des betreffenden Rechnersystems und den zu bearbeitenden Aufgaben ab. Einige typische Betriebsarten sind:

Der offene Betrieb (open shop) ist die oben erwähnte Betriebsart, bei der der Benutzer den Rechner selbst bedient. Sie hat nur noch historische Bedeutung und ist höchstens noch bei kleinen Maschinen anzutreffen.

Der geschlossene Betrieb (closed shop) in Rechenzentren ist die nächste Entwicklungsstufe. Vollständige Aufträge (jobs) werden entweder als Lochkartenstapel oder über eine Außenstation im Rechenzentrum abgeliefert. Die Bearbeitung solcher vollständiger Aufträge nennt man *Stapelverarbeitung* (batch processing). In dieser Betriebsart wird die verfügbare Rechenzeit gut ausgenutzt, sie hat jedoch den Nachteil, daß der Benutzer, der ja keinen Zugang zu dem Rechner hat, oft mehrere Stunden auf Ergebnisse warten muß.

Das Teilnehmerrechensystem (time-sharing-system) stellt diesen unmittelbaren Kontakt des Benutzers mit dem Rechner wieder her. Außenstationen, die am Arbeitsplatz des Benutzers stehen, werden vom Betriebssystem so bedient, als seien sie das Bedienungspult eines benutzereigenen Rechners. Da mehrere Benutzer gleichzeitig Zugang zum Rechner haben, nennt man ein solches System auch *Mehrfachzugriff-System* (multi-access).

[47] In Maschinensprache übersetzte, ausführungsbereite Programme.

Beispiel 6.2: Assemblerprogramm unter der Regie eines Betriebssystems.

Wir betrachten die Ausführung des Programmes von Beispiel 5.4 unter der Regie des Betriebssystemes MASTER, das auf dem Rechner CD-3300 implementiert ist. Dadurch ändert sich das Programm in zweierlei Hinsicht: Zu den Anweisungen des Programms treten Steueranweisungen und Pseudobefehle, die dem Betriebssystem den vorliegenden Auftrag (job) beschreiben. Außerdem werden die E/A-Befehle durch sogenannte E/A-Makro-Befehle ersetzt.

E/A-Makro-Befehle. Damit keine Kollision mit anderen, gerade aktiven Programmen beim Zugriff zu den E/A-Geräten auftritt, sind dem Benutzer die E/A-Befehle CON, SEL, INPW, OUTW etc. entzogen und zu ***privilegierten Befehlen*** erklärt, die nur dem Betriebssystem zugänglich sind. Das Benutzerprogramm teilt seine Wünsche bezüglich E/A-Vorgängen durch die E/A-Makro-Befehle PICK (Eingabe) und PACK (Ausgabe) dem Betriebssystem mit. Dieses führt sie – koordiniert mit den E/A-Wünschen der anderen aktiven Programme – mit Hilfe der Befehle CON, SEL usw. aus.

Das System kann sich in zwei Systemzuständen befinden, dem Monitor- und dem Programmstatus. Die Systemorganisation, die Fehleranalyse und -behandlung und die Steuerung der E/A-Vorgänge erfolgt im Monitorstatus, der eigentliche Programmablauf im Programmstatus.

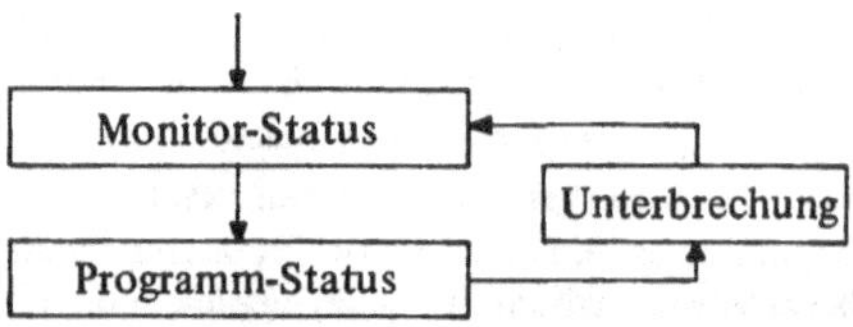

Auch alle Arbeitsprogramme laufen im Programmstatus ab. So benötigt das kleine maschinenorientierte Divisionsprogramm etwa 15000 Speicherplätze (30 Viertelseiten à 512 Wörter), davon etwa hundert für sich, den Rest für den residenten Teil des COMPASS-Assemblers und andere Arbeitsprogramme.

Der Weg vom Programm- zum Monitorstatus erfolgt über Unterbrechungssignale. Es gibt deren etwa hundert, im wesentlichen Fehlermeldungen, E/A-Unterbrechungssignale und sogenannte ***Monitoraufrufe***, die beim Auftreten von privilegierten Befehlen und E/A-Makro-Befehlen erzeugt werden.

Ein Auftrag wird als Lochkartenstapel eingegeben und in sechs Phasen bearbeitet:

Eingabephase: Ein Lochkartenstapel, beginnend mit einer „Job-Karte" und endend mit einer „EOF-Karte" (end of file) wird eingelesen und in den Hintergrundspeicher (Platte) und den Katalog aufgenommen.

1. Karte: **$ JOB, Auftraggeber, Name, Zeitlimit [Min], Zeilenlimit**

.
.
.

letzte Karte: **EOF-Karte**

Klassifizierung: Es wird festgestellt, welche Betriebsmittel der Auftrag angefordert hat. Diese Planungsinformation steht auf der 2. Karte: **$ SCHED (CORE = 30, SCR = 3, TIME = 1)**
Dabei bedeutet CORE = 30, daß 30 Viertelseiten à 512 Wörter, also etwa 15000 Kernspeicherplätze verlangt werden. SCR = 3 besagt, daß als Hilfsspeicher (scratch) 3 „Zylinder"[48] auf der Platte angefordert sind. TIME = 1 gibt die geschätzte Rechenzeit an.

Initiator: Der Initiator ist ein Steuerprogramm, das über die aktuell belegten Betriebsmittel informiert ist und das laufend feststellt, ob die angeforderten Betriebsmittel verfügbar sind. Falls ja, kann der Auftrag in den Arbeitsspeicher geladen und gestartet werden.

[48] Der vorliegende Plattenspeicher besitzt 5 Platten, also 10 Oberflächen. Ein Zylinder besteht aus übereinanderliegenden Einzelspuren. Jede Spur trägt 1024 Wörter, so daß ein Zylinder 10240 Wörter umfaßt.

Auftragsmonitor: Der Auftragsmonitor, ein vom Betriebssystem erzeugtes Betreuungsprogramm, bearbeitet den Auftrag von der dritten Karte an bis zur vorletzten. Die

3. Karte: **CMP (L, X, R)**

gibt an, mit welcher Programmierungssprache (ALGOL:ALG, FORTRAN:FTN, COMPASS:CMP) gearbeitet werden soll und was zu tun ist (Bearbeitungsparameter L, X, R, etc.) X bewirkt die Programmausführung, L bzw. R das Ausdrucken des Programms bzw. der Zuordnung der symbolischen Adressen.

Terminator: Ordnet das Ende des Programmablaufes durch entsprechende Eintragungen und Freigabe der benützten Betriebsmittel.

Ausgabe: Die auszugebende Information wird in dieser Phase von Ausgabe-Puffer-Bereichen auf dem Plattenspeicher ausgegeben. Bei Standard-Ein-Ausgabe über den Zeilendrucker.

Der Auftrag mit dem Assembler-Programm ASSDIV zur Division hat also die Gestalt:

```
    JOB, TFMMO4, MÜLLER,1,1000
    SCHED, CORE=30, SCR= 3, TIME= 1
    CMP (L, X, R)
        IDENT   ASSDIV          Programmname
        LIBM    PICK, PACK      Bibliotheks-Makrobefehle
        ENTRY   ANF             Programmanfang
        ----------------
        eigentliches
        Programm
        ----------------
        FINIS                   Ende des COMPASS-Programms
    YYY, LGO                    Laden und Starten des Objektpro-
                                gramms
03570030                        Eingabedaten (I = 357, K = 30)
EOF
```

Abschließend wird ein Protokoll wiedergegeben, das zu diesem Auftrag von der CD-3300 ausgedruckt wurde. Aus Gründen der Übersichtlichkeit wurden einige vom Betriebssystem MASTER angegebene Informationen wie der oktale Befehlscode weggelassen und diagnostische Hinweise zur Fehlersuche durch Eingabe eines fehlerfreien Programmes nicht in Anspruch genommen.

Auftrags-Protokoll	Erläuterungen	
JOB ACCOUNTING INFORMATION NAME=MÜLLER ACCT=TFMM04	*Programm des Programmierers Müller Abrechnung über: TFMM04*	Abrechnungsinformation
DATE=03/27/69 EDITION=EE TIME-ON=11/39/02 TIME USED TIME-OFF=11/39/51 COMP=00/00/09.890 CHAN=00/00/03.093	*Datum, Startzeit. Laufzeit in Sekunden für Rechnerkern und E/A-Kanal*	
FACILITIES NOT USED CORE=001 SCR =001 LINE =880 CARD=0	*Nicht benutzte Betriebsmittel. Hier: 1 Viertelseite, 1 x 10000 Wörter auf Platte, 880 Zeilen auf dem Zeilendrucker*	
JOB,TFMM04,MÜLLER,1,1000 SCHED,CORE=30,SCR=3,TIME=1 CMP (L,X,R)	*Steueranweisungen Zeitlimit: 1 Min, Zeilenlimit: 1000, verlangte Betriebsmittel: Kernspeicher, 30 Viertelseiten, 1 Min Rechenzeit.*	

Auftrags-Protokoll				Erläuterungen	
LENGTH OF SUBPROGRAM			00114	*Länge des Programms mit Datenpuffer (oktal)*	
COMPASS/MASTER VER 1.2	ASSDIV			*Programmname: ASSDIV (Assembler-Division)*	Programm
		LIBM	PICK,PACK	*Pseudo-Befehle*	
		LIBM	PROGDUMP		
		EXT	UIC		
		ENTRY	ANF		
00000	EINB	BSS	20	*Daten-Puffer*	
00024	BLANKS	OCT	01606060		
00025		BCD,C	8,I/K =		
00026					
00027	ERG	BSS	1		
00030		BCD,C	12, REST =		
00031					
00032					
00033	REST	BSS	1		
00034	IBIN	BSS	2		
00036	KBIN	BSS	2		
00040	QBIN	BSS	2		
00042	RESTBIN	BSS	2		

Auftrags-Protokoll				Erläuterungen
00044	QN	BSS	4	*Datenpuffer*
00050	RESTN	BSS	4	
00054	ANF	UJP	**	
		PICK	(INP,,,EINB,20)	*E/A-Makrobefehl*
00062	CVDB		EINB,0,4,IBIN,0	
00063				
00064				
00065	CVDB		EINB+4,0,4,KBIN,0	*eigentliches Programm*
00066				
00067				
00070	LDAQ		IBIN	
00071	DVA		KBIN+1	
00072	STQ		RESTBIN+1	
00073	STA		QBIN+1	
00074	CVBD		QBIN,0,QN,0	
00075				
00076				
00077	CVBD		RESTBIN,0,RESTN,0	
00100				
00101				
00102	LDA		QN+3	

Programm

Auftrags-Protokoll			Erläuterungen
00103	STA	ERG	*eigentliches Programm* (Programm)
00104	LDA	RESTN+3	
00105	STA	REST	
	PACK	(OUT,0,,BLANKS,8)	*E/A-Makrobefehl* (Programm)
00113	UJP	ANF	
NUMBER OF LINES WITH DIAGNOSTICS		0	*Angabe der Zahl der Diagnostikzeilen*
ANF	P00054		*Zuordnung von symbolischen und relativen Adressen*
BLANKS	P00024		
EINB	P00000		
ERG	P00027		
IBIN	P00034		
KBIN	P00036		
QBIN	P00040		
QN	P00044		
REST	P00033		
RESTBIN	P00042		
RESTN	P00050		
I/K = 0011	REST =	0027	*Ergebnis bei I = 357, K = 30*

Literaturverzeichnis

Allgemeine Literaturhinweise

Bauer, F. L., Heinhold, J., Samelson, K., Sauer, R.: Moderne Rechenanlagen. Teubner, Stuttgart 1965.

Buchholz, W.: Planning a Computer System. Mc Graw Hill, New York–Toronto–London 1962.

Chu, Y.: Digital Computer Design Fundamentals. Mc Graw Hill, New York–Toronto–London 1962.

Haas, G.: Grundlagen und Bauelemente Elektronischer Ziffernrechenmaschinen. Philips Technische Bibliothek, Eindhoven 1961.

Kämmerer, W.: Ziffernrechenautomaten. Akademie-Verlag, Berlin 1963.

Rechenberg, P.: Grundzüge digitaler Rechenautomaten. Oldenbourg, München–Wien 1964.

Speiser, A. P.: Digitale Rechenanlagen. Springer, Berlin–Heidelberg–New York 1965.

Literatur zu den einzelnen Kapiteln

[1.1] *Hilbert, D., Ackermann, W.:* Grundzüge der theoret. Logik. Springer, Berlin 1967.

[1.2] *Händler, W.:* Digitale Universalrechenautomaten. Aus: Taschenbuch der Nachrichtenverarbeitung (Hrsg. *K. Steinbuch*), Springer, Berlin–Heidelberg–New York 1967.

[1.3] *Fano, R. M.:* Informationsübertragung. Oldenbourg, München–Wien 1966.

[1.4] *Berger, E. R.:* Nachrichtentheorie und Codierung. Aus: Taschenbuch der Nachrichtenverarbeitung (Hrsg. *K. Steinbuch*), Springer, Berlin–Heidelberg–New York 1967.

[1.5] *Behnke, H., Tietz, H.* (Hrsg.): Mathematik 2. Das Fischer Lexikon Bd. 29/2, Frankfurt 1966.

[1.6] *Jaglom, A. M., Jaglom, I. M.:* Wahrscheinlichkeit und Information. VEB Deutscher Verlag der Wissenschaften, Berlin 1965.

[2.1] *Boole, G.:* An Investigation of the Laws of Thought. Nachdruck der Londoner Ausgabe von 1854, Dover Publications, New York 1954.

[2.2] *Shannon, C. E.:* A Symbolic Analysis of Relay and Switching Circuits. Trans. Amer. Inst. Electr. Engrs. 57 (1938) Suppl. S. 718–723.

[2.3] *Hermes, H.:* Einführung in die Verbandstheorie. Springer, Berlin–Heidelberg–New York 1967.

[2.4] *Huntington, E. V.:* Postulates for the Algebra of Logic. Trans. Amer. Math. Soc. 5 (1904), S. 288–309.

[2.5] *Kamke, E.:* Mengenlehre. Sammlung Göschen Bd. 999/999a. W. de Gruyter, Berlin 1955.

[2.6] *Händler, W.:* Ein Minimalisierungsverfahren zur Synthese von Schaltkreisen. Diss. TH Darmstadt 1958.

[2.7] *Caldwell, S. H.:* Der logische Entwurf von Schaltkreisen. Oldenbourg, München–Wien 1964.

[2.8] *Föllinger, O., Weber, W.:* Methoden der Schaltalgebra. Oldenbourg, München–Wien 1967.

[2.9] *Weyh, U.:* Elemente der Schaltungsalgebra. Oldenbourg, München–Wien 1966.

[2.10] *Whitesitt, J. E.:* Boolesche Algebra und ihre Anwendungen. Vieweg, Braunschweig 1968.

[2.11] *Zemanek, H.:* Logische Algebra und Theorie der Schaltnetzwerke. Aus: Taschenbuch der Nachrichtenverarbeitung (Hrsg. *K. Steinbuch*), Springer, Berlin–Heidelberg–New York 1967.

[3.1] *Phister, M.:* Logical Design of Digital Computers. J. Wiley, New York–London 1963.

[3.2] *Billing, H.:* Speicher. Aus: Taschenbuch der Nachrichtenverarbeitung (Hrsg. *K. Steinbuch*), Springer, Berlin–Heidelberg–New York 1967.

[3.3] *Rausch, F.:* Magnetomotorische Speicher. Aus: Taschenbuch der Nachrichtenverarbeitung (Hrsg. *K. Steinbuch*), Springer, Berlin–Heidelberg–New York 1967.

[3.4] *Richards, R. K.:* Electronic Digital Components and Circuits. D. Van Nostrand Company, Inc., Princeton–New Jersey–Toronto–London–New York 1967.

[3.5] *Liedl, H., Reiss, K., Spichall, W.:* FL 100-Siemens Digitalbausteine in integrierter Technik Teil 1. Siemens Techn. Mitt. Halbl.

[3.6] *Forrester, J. W.:* Digital Information Storage in Three Dimensions Using Magnetic Cores. J. app. Phys. 22 (1951) S. 44.

[3.7] *Papian, W. N.:* A Coincident-Current Magnetic Memory Cell for the Storage of Digital Information. Proc. IRE 40 (1952) S. 475–478.

[3.8] *Schwarzer, H., Woehl, B., Märtin, L.:* Speicher in der Nachrichtenverarbeitungstechnik. Jahrbuch d. el. Fernmeldewesens 1966, S. 113–186.

[3.9] *Rajchman, J. A.:* Static Magnetic Matrix Memory and Switching Circuits. RCA Rev. Vol. XIII (1952) S. 183–201.

[3.10] *Fedde, G. A.:* A Low Power Plated Wire Memory System, Sperry Engineering Review 18 (1965) N. 3, S. 19–22.

Lit. zu Kap. 4 findet man bei *W. Händler* [1.2]

[5.1] *Backus, J. W.* et al.: Report on the Algorithmic Language ALGOL 60. Numer. Math. 2 (1960), S. 106–137.

[5.2] *Güntsch, F. R.:* Einführung in die Programmierung Digitaler Rechenautomaten. W. de Gruyter, Berlin 1963.

[5.3] *Schneider, H. J., Jurksch, D.:* Programmierung von Datenverarbeitungsanlagen. Sammlung Göschen Bd. 1225/1225a. W. de Gruyter, Berlin 1967.

[5.4] *Knödel, W.:* Programmieren von Ziffernrechenanlagen, Springer, Wien 1961.

[5.5] *Göhring, W., Henning, W., Rasche, W.:* Untersuchungen zur Kommunikation und Mustererkennung. Arbeitsberichte d. IMMD Bd. 1, Nr. 2 Erlangen 1968.

[5.6] Normblatt DIN 66001, 1966.

[5.7] Reference Manual of the 3300-Computer System. CDC Publ. No. 60 157 000, 1968.

[5.8] *Mc Carthy, J.* et al.: LISP 1.5 Programmers Manual. MIT, Cambridge Mass. 1962.

[5.9] *Backus, J. W.* et al.: The FORTRAN Automatic Coding System. Proc. West. Joint. Comp. Conf., Los Angeles, FQbr. 1957.

[5.10] *Backus, J. W.* et al.: Revised Report on the Algorithmic Language ALGOL 60. Numer. Math. 4 (1963) S. 420–453.

[6.1] *Martin, J.:* Design of Real-Time Computer Systems, Prentice-Hall, Englewood Cliffs 1967.

[6.2] *Spies, P. P.:* Teilnehmer-Rechensysteme. Elektron. Rechenanl. 9 (1067), S. 117–122.

[6.3] *Amdahl, G. M., Blaauw, G. A., Brooks, F. P., Padegs, A., Stevens, W. Y.:* Aufbau des Systems /360. Übersetzung von IBM Systems Journal, Bd. 3, Nr. 2, 1964.

[6.4] *Liptay, J. S.:* Structural Aspects of System /360 Model 85, The Cache. IBM Systems Journal Vol. 7, Nr. 1 (1968), S. 15–21.

Verzeichnis der Beispiele

Stichwortverzeichnis

FSC
www.fsc.org
MIX
Papier | Fördert gute Waldnutzung
FSC® C083411

Zeitfracht Medien GmbH
Ferdinand-Jühlke-Straße 7
99095 Erfurt, Deutschland
produktsicherheit@kolibri360.de